조리능력 향상의 길잡이

한식조리

볶음

한혜영·김업식·박선옥·신은채 공저

(주)백산출판사

머리말

과학기술의 발달은 사회 변동을 촉진하고 그 결과 사회는 점점 빠르게 변화되고 있다.
사회가 발달하고 경제상황이 좋아짐에 따라 식생활문화는 풍요로워졌고, 음식문화에 대한 인식변화를 가져오게 되었다.
음식은 단순한 영양섭취 목적보다는 건강을 지키고 오감을 만족시켜 행복지수를 높이며, 음식커뮤니케이션의 기능과 함께 오락기능을 더하고 있다.
이에 전문 조리사는 다양한 직업으로 분업화 · 세분화되어 활동하게 되는데, 그 인기도는 조리 전문 방송 프로그램이 많아진 것을 보면 쉽게 알 수 있다.
현재 우리나라는 국가직무능력표준(NCS: national competency standards)을 개발하여 산업현장에서 직무를 수행하기 위해 요구되는 지식, 기술을 국가적 차원에서 표준화하고 있다.
이 책은 조리의 기초적인 부분부터 조리사가 알아야 하는 전반적인 내용을 담고 있어 산업현장에 적합한 인적자원 양성에 도움이 되는 전문서가 될 것으로 생각하며, 조리능력 향상에 길잡이가 될 것으로 믿는다.
왜냐하면 특급호텔인 롯데와 인터컨티넨탈에서 15년간의 현장 경험과 15년의 교육 경력을 바탕으로 정확한 레시피와 자세한 설명을 곁들여 정리하였기 때문이다.
조리학문 발전을 위해 노력하신 많은 선배님들께 감사드리며, 늘 배려를 아끼지 않으시는 백산출판사 사장님 이하 직원분들께 머리 숙여 깊은 감사를 드린다.

조리인이여~
넓은 세상을 보고 많은 꿈을 꾸며, 희망을 가지고 남다른 노력을 한다면, 소망과 꿈은 이루어지리라.

대표저자 **한혜영**

CONTENTS

한식조리 볶음 이론

한식조리 볶음 실기

○ 한식조리기능사 실기 품목

NCS – 학습모듈의 위치

대분류	음식서비스
중분류	식음료조리·서비스
소분류	음식조리

세분류

세분류	능력단위	학습모듈명
한식조리	한식 위생관리	한식 위생관리
양식조리	한식 안전관리	한식 안전관리
중식조리	한식 메뉴관리	한식 메뉴관리
일식·복어조리	한식 구매관리	한식 구매관리
	한식 재료관리	한식 재료관리
	한식 기초 조리실무	한식 기초 조리실무
	한식 밥 조리	한식 밥 조리
	한식 죽 조리	한식 죽 조리
	한식 면류 조리	한식 면류 조리
	한식 국·탕 조리	한식 국·탕 조리
	한식 찌개 조리	한식 찌개 조리
	한식 전골 조리	한식 전골 조리
	한식 찜·선 조리	한식 찜·선 조리
	한식 조림·초 조리	한식 조림·초 조리
	한식 볶음 조리	**한식 볶음 조리**
	한식 전·적 조리	한식 전·적 조리
	한식 튀김 조리	한식 튀김 조리
	한식 구이 조리	한식 구이 조리
	한식 생채·회 조리	한식 생채·회 조리
	한식 숙채 조리	한식 숙채 조리
	김치 조리	김치 조리
	음청류 조리	음청류 조리
	한과 조리	한과 조리
	장아찌 조리	장아찌 조리

한식 볶음 조리 학습모듈의 개요

학습모듈의 목표

육류, 어패류, 채소류 등에 간장이나 고추장 양념을 넣어 재료에 맛이 충분히 배도록 볶음 조리를 할 수 있다.

선수학습

조리원리, 식품재료학, 식품학, 식품가공학

학습모듈의 내용체계

학습	학습내용	NCS 능력단위요소	
		코드번호	요소명칭
1. 볶음 재료 준비하기	1-1. 도구와 재료 준비 및 계량 1-2. 재료 전처리 1-3. 양념장 제조	1301010126_16v3.1	볶음 재료 준비하기
2. 볶음 조리하기	2-1. 재료 준비와 양념장 사용 2-2. 화력 조절	1301010126_16v3.2	볶음 조리하기
3. 볶음 담기	3-1. 그릇 선택 및 완성 3-2. 고명 얹기	1301010126_16v3.3	볶음 담기

핵심 용어

볶음, 양념장, 고명

분류번호	1301010126_16v3
능력단위 명칭	한식 볶음 조리
능력단위 정의	한식 볶음 조리란 육류, 어패류, 채소류 등에 간장이나 고추장 양념을 넣어 재료에 맛이 충분히 배도록 볶음 조리를 할 수 있는 능력이다.

능력단위요소	수행준거
1301010126_16v3.1 볶음 재료 준비하기	1.1 볶음 조리에 따라 도구와 재료를 준비할 수 있다. 1.2 조리에 사용하는 재료를 필요량에 맞게 계량할 수 있다. 1.3 볶음 조리의 재료에 따라 전처리를 수행할 수 있다. 1.4 양념장 재료를 비율대로 혼합, 조절하여 만들 수 있다. 1.5 필요에 따라 양념장을 숙성할 수 있다.
	【지식】 • 도구의 종류와 용도 사용법 • 재료의 계량법 • 재료의 성분과 특성 • 재료의 전처리 • 재료 선별법 • 숙성온도와 시간 • 양념장의 혼합 비율 • 양념 재료 특성
	【기술】 • 재료 전처리 능력 • 재료보관 능력 • 재료신선도 선별능력 • 조리특성에 맞게 써는 능력 • 양념장의 혼합 비율 조절능력 • 종류별 양념 사용 능력 • 재료선별 능력
	【태도】 • 바른 작업 태도 • 반복훈련태도 • 안전사항 준수태도 • 위생관리태도 • 재료준비점검태도

	2.1 조리종류에 따라 준비한 도구에 재료와 양념장을 넣어 기름으로 볶을 수 있다. 2.2 재료와 양념장의 비율, 첨가 시점을 조절할 수 있다. 2.3 재료가 눌어붙거나 모양이 흐트러지지 않게 화력을 조절하여 익힐 수 있다.
	【지식】 • 재료의 특성 • 조리가열시간 • 조리법에 따른 형태 변화 • 볶음 조리법 • 조리과정 중의 물리화학적 변화에 관한 조리과학적 지식
1301010126_16v3.2 볶음 조리하기	【기술】 • 조리종류별 양념 사용 능력 • 조리종류에 따라 양념 사용량 조절능력 • 볶음 조리기술 • 화력조절능력
	【태도】 • 관찰태도 • 바른 작업 태도 • 조리과정을 관찰하는 태도 • 실험조리를 수행하는 과학적 태도 • 안전사항 준수태도 • 위생관리태도
	3.1 조리종류와 색, 형태, 인원수, 분량 등을 고려하여 그릇을 선택할 수 있다. 3.2 그릇형태에 따라 조화롭게 담아낼 수 있다. 3.3 볶음 조리에 따라 고명을 얹어 낼 수 있다.
	【지식】 • 고명종류 • 조리종류의 국물비율 • 조리종류에 따라 그릇 선택
1301010126_16v3.3 볶음 담기	【기술】 • 고명을 얹어내는 능력 • 그릇과 조화를 고려하여 담는 능력 • 조리종류에 따라 국물을 담는 능력 • 조리에 맞는 식기 선택능력
	【태도】 • 관찰태도 • 바른 작업 태도 • 반복훈련태도 • 안전사항 준수태도 • 위생관리태도

적용범위 및 작업상황

고려사항

- 볶음 능력단위는 다음 범위가 포함된다.
  - 볶음류 : 제육볶음, 소고기볶음, 오징어볶음, 주꾸미볶음, 낙지볶음, 버섯볶음, 미역줄기볶음, 궁중떡볶이, 멸치볶음, 마른새우볶음, 어묵볶음 등
  - 볶음의 전처리란 재료의 특성에 따라 다듬기, 씻기, 썰기를 말한다.
  - 볶음의 양념장은 간장양념장과 고추장 양념장이 있다.

자료 및 관련 서류

- 한식조리 전문서적
- 조리원리 전문서적, 관련자료
- 식품재료 관련 전문서적
- 식품재료의 원가, 구매, 저장 관련서적
- 안전관리수칙 서적
- 매뉴얼에 의한 조리과정, 조리결과 체크리스트
- 식자재 구매 명세서
- 조리도구 관련서적
- 식품영양 관련서적
- 식품가공 관련서적
- 식품위생법규 전문서적
- 원산지 확인서
- 조리도구 관리 체크리스트

장비 및 도구

- 조리용 칼, 도마, 냄비, 프라이팬, 믹서, 계량저울, 계량컵, 계량스푼, 조리용 젓가락, 온도계, 체, 조리용 집게, 조리용기 등
- 가스레인지, 전기레인지 또는 가열도구
- 조리복, 조리모, 앞치마, 조리안전화, 행주, 분리수거용 봉투 등

재료

- 육류, 가금류, 어패류, 채소류, 두부 등
- 장류, 양념류 등

평가지침

평가방법

- 평가자는 능력단위 한식 볶음 조리의 수행준거에 제시되어 있는 내용을 평가하기 위해 이론과 실기를 나누어 평가하거나 종합적인 결과물의 평가 등 다양한 평가방법을 사용할 수 있다.
- 피평가자의 과정평가 및 결과평가 방법

평가방법	평가유형	
	과정평가	결과평가
A. 포트폴리오	V	V
B. 문제해결 시나리오		
C. 서술형시험	V	V
D. 논술형시험		
E. 사례연구		
F. 평가자 질문	V	V
G. 평가자 체크리스트	V	V
H. 피평가자 체크리스트		
I. 일지/저널		
J. 역할연기		
K. 구두발표		
L. 작업장평가	V	V
M. 기타		

평가 시 고려사항

- 수행준거에 제시되어 있는 내용을 성공적으로 수행할 수 있는지를 평가해야 한다.
- 평가자는 다음 사항을 평가해야 한다.
  - 조리복, 조리모 착용 및 개인 위생 준수능력
  - 위생적인 조리과정
  - 식재료 손질 및 준비 과정
  - 조리순서 과정
  - 불의 세기와 시간 조절능력
  - 국물을 조리종류에 맞게 우려내는 능력
  - 양념 준비 및 양념장의 활용능력
  - 조리과정 시 위생적인 처리
  - 조리의 숙련정도
  - 볶음 조리의 조리능력
  - 볶음 조리의 완성도
  - 조리도구의 사용 전, 후 세척
  - 조리 후 정리정돈 능력

직업기초능력

순번	직업기초능력	
	주요영역	하위영역
1	의사소통능력	경청 능력, 기초외국어 능력, 문서이해 능력, 문서작성 능력, 의사표현 능력
2	문제해결능력	문제처리 능력, 사고력
3	자기개발능력	경력개발 능력, 자기관리 능력, 자아인식 능력
4	정보능력	정보처리 능력, 컴퓨터활용 능력
5	기술능력	기술선택 능력, 기술이해 능력, 기술적용 능력
6	직업윤리	공동체윤리, 근로윤리

개발·개선 이력

구분		내용
직무명칭(능력단위명)		한식조리(한식 볶음 조리)
분류번호	기존	1301010107_14v2
	현재	1301010125_16v3,1301010126_16v3
개발·개선연도	현재	2016
	최초(1차)	2014
버전번호		v3
개발·개선기관	현재	(사)한국조리기능장협회
	최초(1차)	
향후 보완 연도(예정)		-

한식조리 볶음

이론
&
실기

한식조리
볶음 이론

◆ 볶음

볶음은 팬이나 냄비에 기름이나 물을 두르고 육류, 어패류, 채소류 등을 손질하여 단시간에 볶아서 익혀 내는 것을 말한다. 양념해서 볶기도 하여 먹기 좋은 질감과 색으로 조리할 수 있다.

볶음 조리는 간단하게는 소금과 다진 마늘 정도만 넣어 볶기도 하지만 간장양념이나 고추장 양념을 하여 바로 볶거나 냉장고에 보관하여 재어 두었다가 숙성시켜 볶기도 한다.

사용되는 재료는 다양하며 포괄적이다. 힘줄이 많거나 근막이 많은 부위를 찜이나 조림, 탕 등에 조리하고 그 외의 부위는 다지거나 채를 썰거나 포를 떠서 볶기도 하고 또는 한 번 데치거나 삶아내어 이용하기도 한다.

소고기, 돼지고기, 닭고기, 생선, 채소, 해산물, 달걀 등은 볶음 재료로 사용되며 아침, 점심, 저녁을 가리지 않고 볶음 조리로 손쉽게 조리할 수 있다.

식용으로 사용되는 기름이 흔하지 않던 시대에는 할 수 없었던 조리법이지만 산업이 발달함에 따라 기름의 종류가 다양해지고 사용 빈도가 높아지면서 볶음 조리가 다양해지고 있다. 고서에는 볶음류에 대한 언급이 많지 않은 이유가 여기에 있다. 또한 나물을 손질하여 데치거나 삶아서 양념하고 볶은 후 식혀서 다시 참기름과 참깨로 양념하는 복합조리법을 숙채로 분류하였기 때문이기도 하다. 볶음류는 현대로 오면서 고기, 생선, 해산물 등을 조리하며 더욱 부각되고 있다.

1976년 3월 황혜성 선생님께서 집필한 800여 페이지가 넘는 "궁중음식과 향토요리"에도 볶음요리는 그리 많지 않다. 각색볶음, 양볶이, 생치과전지(꿩고기), 떡볶이, 명태볶음, 메뚜기볶음, 말린묵볶음, 보리새우볶음, 석이볶음, 싸리버섯볶음, 제육볶음, 풋고추볶음, 약고추장 등이 있다.

볶음의 종류

주재료	종류
채소	호박새우젓볶음, 잡채, 고구마순볶음, 취나물볶음, 탕평채, 감자채볶음, 부추잡채, 건새우마늘쫑볶음, 깻잎순볶음, 콩나물잡채, 느타리버섯볶음, 머위들깨볶음, 고추잡채, 새송이버섯볶음, 오절판, 참치김치볶음, 고사리나물볶음, 마늘쫑볶음, 무시래기나물볶음, 버섯잡채, 베이컨김치볶음, 베이컨채소볶음, 쇠고기가지볶음, 쇠고기청경채볶음, 오이갑장과, 콩나물야채불고기, 호박고지볶음, 가지볶음, 감자햄볶음, 가지양파볶음, 감자베이컨볶음, 굴소스잡채, 햄잡채, 김치어묵볶음, 애느타리버섯볶음, 스팸김치볶음, 떡잡채, 브로콜리버섯볶음, 양송이버섯볶음
고기	닭갈비, 제육볶음, 돈육불고기, 돈육김치볶음, 돈육된장불고기, 돈육자장볶음, 돈육고추장양념볶음, 돈육버섯불고기, 오리불고기, 돈육양배추볶음, 버섯불고기, 돈육브로콜리볶음, 돈육호박볶음, 퓨전삼겹살볶음
수산물	주꾸미볶음, 오징어불고기, 오삼불고기, 미역줄기볶음, 꽈리고추멸치볶음, 쥐어채볶음, 해물볶음, 건파래볶음, 갑오징어굴소스볶음, 낙지떡볶음, 오징어두루치기, 오징어떡볶음, 오징어콩나물볶음, 햄미역줄기볶음, 건새우케첩볶음, 낙지볶음, 멸치볶음, 해물야채칠리볶음, 멸치고추장볶음, 멸치아몬드볶음, 멸치채소볶음, 명엽채볶음, 오징어실채볶음, 오징어채볶음
가공식품	떡볶이, 궁중떡볶음, 순대볶음, 두부두루치기, 두부어묵볶음, 어묵떡볶음, 느타리어묵볶음, 두부버섯볶음, 두부양념볶음, 비엔나소시지떡볶음, 비엔나브로콜리볶음, 소시지고추장볶음, 소시지버섯볶음, 에센보득볶음, 잔멸치소시지볶음, 참치양파볶음, 콩비엔나볶음

출처 : 단국대학교 석사학위 논문 : 볶음의 수율 계수와 1인당 섭취량「2006년 03월 ~ 2007년 2월까지 제공한 볶음」

볶음의 조리도구

볶음에 사용되는 조리도구는 궁중팬이나 양손잡이가 있는 깊이가 있는 팬을 주로 사용한다.

웍

프라이팬

양손잡이 볶음팬

참고문헌

- 시의전서
- 아름다운 한국음식 300선((사)한국전통음식연구소, 질시루, 2008)
- 우리가 정말 알아야 할 우리 음식 백가지(한복진, 현암사, 1998)
- 임원십육지(서유구, 1835년경)
- 조선시대의 음식문화(김상보, 가람기획, 2006)
- 한국민족문화대백과사전(한국학중앙연구원, 1991)
- 한국요리문화사(이성우, 교문사, 1985)
- 한국의 음식문화(이효지, 신광출판사, 1998)
- 궁중음식과 향토요리(황혜성, 1976)(저자는 추후 추가)

Memo

마늘종볶음

재료

- 마늘종 200g
- 검은깨 1/3작은술

양념장

- 간장 1½큰술
- 청주 1큰술
- 물엿 2큰술
- 참기름 2작은술

만드는 법

재료 확인하기

1 마늘종, 검은깨, 간장, 청주, 물엿, 참기름 확인하기

사용할 도구 선택하기

2 냄비, 프라이팬, 나무젓가락 등을 선택하여 준비한다.

재료 계량하기

3 각각의 재료 분량을 컵과 계량스푼, 저울로 계량하기

재료 준비하기

4 마늘종은 줄기 끝의 억센 부분과 윗부분을 잘라내고 3cm 길이로 잘라 씻어 건진다.

양념장 만들기

5 분량의 재료를 섞어 양념장을 만든다.

조리하기

6 끓는 물에 마늘종을 데친다.
7 팬에 양념장을 넣고 끓으면 손질한 마늘종을 넣고 윤기 나게 조린다.

담아 완성하기

8 마늘종볶음 담을 그릇을 선택한다.
9 마늘종볶음을 담아낸다. 검은깨를 고명으로 얹는다.

평가자 체크리스트

학습내용	평가 항목	성취수준		
		상	중	하
도구와 재료 준비 및 계량	도구의 용도, 사용법에 따라 선택하는 방법			
	적합한 재료를 계량하는 방법			
재료 전처리	재료 특성에 맞게 전처리를 수행하는 방법			
양념장 제조	양념 재료의 비율을 조절하여 수행하는 방법			
	필요에 따라 양념장을 숙성하여 수행하는 방법			
재료준비와 양념장 사용	재료에 따라 양념장에 조리거나 기름에 볶을 수 있는 방법			
	재료에 따라 양념장의 비율을 조절할 수 있는 방법			
화력 조절	재료가 눌어붙거나 모양이 흐트러지지 않게 화력을 조절하여 익힐 수 있는 방법			
그릇 선택 및 완성	조리 종류와 인원수, 분량 등을 고려하여 그릇을 선택하는 방법			
	조리 종류에 따라 그릇을 선택하여 담아내는 방법			
고명 얹기	볶음 조리에 따라 고명을 얹어내는 방법			

포트폴리오

학습내용	평가 항목	성취수준		
		상	중	하
도구와 재료 준비 및 계량	볶음 재료에 따라 팬의 종류를 선택할 수 있는 능력			
	재료의 성분과 특성에 따라 필요량에 맞게 계량할 수 있는 능력			
재료 전처리	조리 특성에 맞게 재료를 전처리하여 수행할 수 있는 능력			
양념장 제조	양념장 재료특성에 맞게 혼합, 조절하는 능력			
	숙성온도와 시간을 조절하는 능력			
재료준비와 양념장 사용	조리 종류에 따라 도구를 선택하여 양념장을 조절하여 볶을 수 있는 능력			
	재료 특성에 맞게 양념장의 비율, 첨가 시점을 조절할 수 있는 능력			
화력 조절	조리 종류, 국물의 양에 따라 화력을 조절하여 익힐 수 있는 능력			
그릇 선택 및 완성	조리 종류와 색, 형태 등을 고려하여 그릇을 선택하는 능력			
	그릇과의 조화를 고려하여 담는 능력			
고명 얹기	고명의 종류에 따라 얹어 내는 능력			

작업장 평가

학습내용	평가 항목	성취수준		
		상	중	하
도구와 재료 준비 및 계량	도구의 종류와 용도, 사용법에 따라 선택하는 방법			
	재료를 선별하여 계량하는 방법			
재료 전처리	조리특성에 맞게 썰거나 전처리를 수행하는 방법			
양념장 제조	양념장 재료를 용도에 맞게 활용하는 방법			
	양념장 종류별로 숙성하는 방법			
재료준비와 양념장 사용	재료 특성에 따라 양념장을 선택하여 볶을 수 있는 방법			
	재료에 따라 양념장의 첨가 시점을 조절할 수 있는 방법			
화력 조절	재료 종류에 따라 화력을 조절하여 익힐 수 있는 방법			
그릇 선택 및 완성	조리 종류에 따라 국물 등을 고려하여 그릇을 선택하는 방법			
	조리에 맞는 식기를 선택하여 담아내는 방법			
고명 얹기	볶음 조리 특성에 따라 고명을 얹어내는 방법			

학습자 완성품 사진

미역줄기볶음

재료

- 미역줄기 300g
- 붉은 고추 1개
- 식용유 2큰술

양념장

- 간장 1½큰술
- 청주 2작은술
- 통깨 1작은술
- 참기름 2작은술

만드는 법

재료 확인하기

1 미역줄기, 붉은 고추, 식용유, 간장, 청주 등 확인하기

사용할 도구 선택하기

2 냄비, 프라이팬, 나무젓가락 등을 선택하여 준비한다.

재료 계량하기

3 각각의 재료 분량을 컵과 계량스푼, 저울로 계량하기

재료 준비하기

4 염장된 미역줄기는 헹군 뒤 넉넉한 물에 30분 정도 담가 소금기를 제거한다.

5 소금기를 제거한 미역줄기는 6cm로 썬다.

6 붉은 고추는 어슷썰기를 하여 씨를 제거한다.

양념장 만들기

7 분량의 재료를 섞어 양념장을 만든다.

조리하기

8 팬에 식용유를 두르고 미역줄기를 볶는다. 양념장을 넣어 볶고, 고추를 넣어 살짝 볶아준다.

담아 완성하기

9 미역줄기볶음 담을 그릇을 선택한다.

10 미역줄기볶음을 담아낸다.

평가자 체크리스트

학습내용	평가 항목	성취수준		
		상	중	하
도구와 재료 준비 및 계량	도구의 용도, 사용법에 따라 선택하는 방법			
	적합한 재료를 계량하는 방법			
재료 전처리	재료 특성에 맞게 전처리를 수행하는 방법			
양념장 제조	양념 재료의 비율을 조절하여 수행하는 방법			
	필요에 따라 양념장을 숙성하여 수행하는 방법			
재료준비와 양념장 사용	재료에 따라 양념장에 조리거나 기름에 볶을 수 있는 방법			
	재료에 따라 양념장의 비율을 조절할 수 있는 방법			
화력 조절	재료가 눌어붙거나 모양이 흐트러지지 않게 화력을 조절하여 익힐 수 있는 방법			
그릇 선택 및 완성	조리 종류와 인원수, 분량 등을 고려하여 그릇을 선택하는 방법			
	조리 종류에 따라 그릇을 선택하여 담아내는 방법			
고명 얹기	볶음 조리에 따라 고명을 얹어내는 방법			

포트폴리오

학습내용	평가 항목	성취수준		
		상	중	하
도구와 재료 준비 및 계량	볶음 재료에 따라 팬의 종류를 선택할 수 있는 능력			
	재료의 성분과 특성에 따라 필요량에 맞게 계량할 수 있는 능력			
재료 전처리	조리 특성에 맞게 재료를 전처리하여 수행할 수 있는 능력			
양념장 제조	양념장 재료특성에 맞게 혼합, 조절하는 능력			
	숙성온도와 시간을 조절하는 능력			
재료준비와 양념장 사용	조리 종류에 따라 도구를 선택하여 양념장을 조절하여 볶을 수 있는 능력			
	재료 특성에 맞게 양념장의 비율, 첨가 시점을 조절할 수 있는 능력			
화력 조절	조리 종류, 국물의 양에 따라 화력을 조절하여 익힐 수 있는 능력			
그릇 선택 및 완성	조리 종류와 색, 형태 등을 고려하여 그릇을 선택하는 능력			
	그릇과의 조화를 고려하여 담는 능력			
고명 얹기	고명의 종류에 따라 얹어 내는 능력			

작업장 평가

학습내용	평가 항목	성취수준		
		상	중	하
도구와 재료 준비 및 계량	도구의 종류와 용도, 사용법에 따라 선택하는 방법			
	재료를 선별하여 계량하는 방법			
재료 전처리	조리특성에 맞게 썰거나 전처리를 수행하는 방법			
양념장 제조	양념장 재료를 용도에 맞게 활용하는 방법			
	양념장 종류별로 숙성하는 방법			
재료준비와 양념장 사용	재료 특성에 따라 양념장을 선택하여 볶을 수 있는 방법			
	재료에 따라 양념장의 첨가 시점을 조절할 수 있는 방법			
화력 조절	재료 종류에 따라 화력을 조절하여 익힐 수 있는 방법			
그릇 선택 및 완성	조리 종류에 따라 국물 등을 고려하여 그릇을 선택하는 방법			
	조리에 맞는 식기를 선택하여 담아내는 방법			
고명 얹기	볶음 조리 특성에 따라 고명을 얹어내는 방법			

학습자 완성품 사진

미역자반

재료

- 마른 미역 30g
- 식용유 2큰술
- 설탕 2큰술
- 물엿 1작은술
- 물 2큰술
- 참깨 1작은술

만드는 법

재료 확인하기

1 마른 미역, 식용유, 설탕, 물엿, 참깨 등 확인하기

사용할 도구 선택하기

2 냄비, 프라이팬, 나무젓가락 등을 선택하여 준비한다.

재료 계량하기

3 각각의 재료 분량을 컵과 계량스푼, 저울로 계량하기

재료 준비하기

4 마른 미역은 2~3cm 길이로 자른 다음 잘게 손질한다.

조리하기

5 팬에 식용유를 둘러 미역이 파르스름한 색이 나도록 잘 볶고, 체에 밭쳐 기름을 뺀다.

6 팬에 볶은 미역과 설탕, 물엿, 통깨, 물을 넣고 재빠르게 섞는다.

7 볶은 미역을 고르게 펴서 식힌다.

담아 완성하기

8 미역자반 담을 그릇을 선택한다.

9 미역자반을 담아낸다.

평가자 체크리스트

학습내용	평가 항목	성취수준		
		상	중	하
도구와 재료 준비 및 계량	도구의 용도, 사용법에 따라 선택하는 방법			
	적합한 재료를 계량하는 방법			
재료 전처리	재료 특성에 맞게 전처리를 수행하는 방법			
양념장 제조	양념 재료의 비율을 조절하여 수행하는 방법			
	필요에 따라 양념장을 숙성하여 수행하는 방법			
재료준비와 양념장 사용	재료에 따라 양념장에 조리거나 기름에 볶을 수 있는 방법			
	재료에 따라 양념장의 비율을 조절할 수 있는 방법			
화력 조절	재료가 눌어붙거나 모양이 흐트러지지 않게 화력을 조절하여 익힐 수 있는 방법			
그릇 선택 및 완성	조리 종류와 인원수, 분량 등을 고려하여 그릇을 선택하는 방법			
	조리 종류에 따라 그릇을 선택하여 담아내는 방법			
고명 얹기	볶음 조리에 따라 고명을 얹어내는 방법			

포트폴리오

학습내용	평가 항목	성취수준		
		상	중	하
도구와 재료 준비 및 계량	볶음 재료에 따라 팬의 종류를 선택할 수 있는 능력			
	재료의 성분과 특성에 따라 필요량에 맞게 계량할 수 있는 능력			
재료 전처리	조리 특성에 맞게 재료를 전처리하여 수행할 수 있는 능력			
양념장 제조	양념장 재료특성에 맞게 혼합, 조절하는 능력			
	숙성온도와 시간을 조절하는 능력			
재료준비와 양념장 사용	조리 종류에 따라 도구를 선택하여 양념장을 조절하여 볶을 수 있는 능력			
	재료 특성에 맞게 양념장의 비율, 첨가 시점을 조절할 수 있는 능력			
화력 조절	조리 종류, 국물의 양에 따라 화력을 조절하여 익힐 수 있는 능력			
그릇 선택 및 완성	조리 종류와 색, 형태 등을 고려하여 그릇을 선택하는 능력			
	그릇과의 조화를 고려하여 담는 능력			
고명 얹기	고명의 종류에 따라 얹어 내는 능력			

작업장 평가

학습내용	평가 항목	성취수준		
		상	중	하
도구와 재료 준비 및 계량	도구의 종류와 용도, 사용법에 따라 선택하는 방법			
	재료를 선별하여 계량하는 방법			
재료 전처리	조리특성에 맞게 썰거나 전처리를 수행하는 방법			
양념장 제조	양념장 재료를 용도에 맞게 활용하는 방법			
	양념장 종류별로 숙성하는 방법			
재료준비와 양념장 사용	재료 특성에 따라 양념장을 선택하여 볶을 수 있는 방법			
	재료에 따라 양념장의 첨가 시점을 조절할 수 있는 방법			
화력 조절	재료 종류에 따라 화력을 조절하여 익힐 수 있는 방법			
그릇 선택 및 완성	조리 종류에 따라 국물 등을 고려하여 그릇을 선택하는 방법			
	조리에 맞는 식기를 선택하여 담아내는 방법			
고명 얹기	볶음 조리 특성에 따라 고명을 얹어내는 방법			

학습자 완성품 사진

마른새우볶음

재료

- 마른 새우 60g
- 풋고추 1/3개
- 붉은 고추 1/4개
- 식용유 1큰술

양념

- 간장 1작은술
- 설탕 2작은술
- 물엿 1큰술
- 참기름 1작은술

만드는 법

재료 확인하기

1 마른 새우, 풋고추, 붉은 고추, 식용유, 간장, 설탕, 물엿, 참기름 등 확인하기

사용할 도구 선택하기

2 냄비, 프라이팬, 나무젓가락 등을 선택하여 준비한다.

재료 계량하기

3 각각의 재료 분량을 컵과 계량스푼, 저울로 계량하기

재료 준비하기

4 마른 새우는 체에 밭쳐 불순물을 털어낸다.
5 붉은 고추와 풋고추는 어슷하게 썰어 씨를 제거한다.

양념장 만들기

6 분량의 재료를 섞어 양념장을 만든다.

조리하기

7 달군 팬에 기름을 두르고 마른 새우를 볶은 후 양념을 넣어 재빨리 볶는다.
8 풋고추, 붉은 고추를 넣어 살짝 볶는다.

담아 완성하기

9 마른새우볶음 담을 그릇을 선택한다.
10 마른새우볶음을 담아낸다.

평가자 체크리스트

학습내용	평가 항목	성취수준		
		상	중	하
도구와 재료 준비 및 계량	도구의 용도, 사용법에 따라 선택하는 방법			
	적합한 재료를 계량하는 방법			
재료 전처리	재료 특성에 맞게 전처리를 수행하는 방법			
양념장 제조	양념 재료의 비율을 조절하여 수행하는 방법			
	필요에 따라 양념장을 숙성하여 수행하는 방법			
재료준비와 양념장 사용	재료에 따라 양념장에 조리거나 기름에 볶을 수 있는 방법			
	재료에 따라 양념장의 비율을 조절할 수 있는 방법			
화력 조절	재료가 눌어붙거나 모양이 흐트러지지 않게 화력을 조절하여 익힐 수 있는 방법			
그릇 선택 및 완성	조리 종류와 인원수, 분량 등을 고려하여 그릇을 선택하는 방법			
	조리 종류에 따라 그릇을 선택하여 담아내는 방법			
고명 얹기	볶음 조리에 따라 고명을 얹어내는 방법			

포트폴리오

학습내용	평가 항목	성취수준		
		상	중	하
도구와 재료 준비 및 계량	볶음 재료에 따라 팬의 종류를 선택할 수 있는 능력			
	재료의 성분과 특성에 따라 필요량에 맞게 계량할 수 있는 능력			
재료 전처리	조리 특성에 맞게 재료를 전처리하여 수행할 수 있는 능력			
양념장 제조	양념장 재료특성에 맞게 혼합, 조절하는 능력			
	숙성온도와 시간을 조절하는 능력			
재료준비와 양념장 사용	조리 종류에 따라 도구를 선택하여 양념장을 조절하여 볶을 수 있는 능력			
	재료 특성에 맞게 양념장의 비율, 첨가 시점을 조절할 수 있는 능력			
화력 조절	조리 종류, 국물의 양에 따라 화력을 조절하여 익힐 수 있는 능력			
그릇 선택 및 완성	조리 종류와 색, 형태 등을 고려하여 그릇을 선택하는 능력			
	그릇과의 조화를 고려하여 담는 능력			
고명 얹기	고명의 종류에 따라 얹어 내는 능력			

작업장 평가

학습내용	평가 항목	성취수준		
		상	중	하
도구와 재료 준비 및 계량	도구의 종류와 용도, 사용법에 따라 선택하는 방법			
	재료를 선별하여 계량하는 방법			
재료 전처리	조리특성에 맞게 썰거나 전처리를 수행하는 방법			
양념장 제조	양념장 재료를 용도에 맞게 활용하는 방법			
	양념장 종류별로 숙성하는 방법			
재료준비와 양념장 사용	재료 특성에 따라 양념장을 선택하여 볶을 수 있는 방법			
	재료에 따라 양념장의 첨가 시점을 조절할 수 있는 방법			
화력 조절	재료 종류에 따라 화력을 조절하여 익힐 수 있는 방법			
그릇 선택 및 완성	조리 종류에 따라 국물 등을 고려하여 그릇을 선택하는 방법			
	조리에 맞는 식기를 선택하여 담아내는 방법			
고명 얹기	볶음 조리 특성에 따라 고명을 얹어내는 방법			

학습자 완성품 사진

마른새우고추장볶음

재료

- 마른 새우 100g
- 식용유 1큰술

양념

- 고추장 2큰술
- 다진 대파 1작은술
- 다진 마늘 1작은술
- 간장 1작은술
- 청주 1큰술
- 설탕 2작은술
- 물엿 1큰술
- 참기름 1작은술
- 참깨 2작은술
- 후춧가루 1/8작은술

만드는 법

재료 확인하기

1 마른 새우, 식용유, 고추장, 다진 대파, 다진 마늘, 간장 등 확인하기

사용할 도구 선택하기

2 냄비, 프라이팬, 나무젓가락 등을 선택하여 준비한다.

재료 계량하기

3 각각의 재료 분량을 컵과 계량스푼, 저울로 계량하기

재료 준비하기

4 새우는 잡티를 고르고 손질하여 가볍게 씻어 건진다.

양념장 만들기

5 분량의 재료를 섞어 양념장을 만든다.

조리하기

6 달궈진 팬에 식용유를 두르고 손질한 새우를 볶는다.
7 팬에 양념장을 끓인 뒤 볶은 새우를 넣고 잘 섞어 볶는다.

담아 완성하기

8 마른새우고추장볶음 담을 그릇을 선택한다.
9 마른새우고추장볶음을 담아낸다.

평가자 체크리스트

학습내용	평가 항목	성취수준		
		상	중	하
도구와 재료 준비 및 계량	도구의 용도, 사용법에 따라 선택하는 방법			
	적합한 재료를 계량하는 방법			
재료 전처리	재료 특성에 맞게 전처리를 수행하는 방법			
양념장 제조	양념 재료의 비율을 조절하여 수행하는 방법			
	필요에 따라 양념장을 숙성하여 수행하는 방법			
재료준비와 양념장 사용	재료에 따라 양념장에 조리거나 기름에 볶을 수 있는 방법			
	재료에 따라 양념장의 비율을 조절할 수 있는 방법			
화력 조절	재료가 눌어붙거나 모양이 흐트러지지 않게 화력을 조절하여 익힐 수 있는 방법			
그릇 선택 및 완성	조리 종류와 인원수, 분량 등을 고려하여 그릇을 선택하는 방법			
	조리 종류에 따라 그릇을 선택하여 담아내는 방법			
고명 얹기	볶음 조리에 따라 고명을 얹어내는 방법			

포트폴리오

학습내용	평가 항목	성취수준		
		상	중	하
도구와 재료 준비 및 계량	볶음 재료에 따라 팬의 종류를 선택할 수 있는 능력			
	재료의 성분과 특성에 따라 필요량에 맞게 계량할 수 있는 능력			
재료 전처리	조리 특성에 맞게 재료를 전처리하여 수행할 수 있는 능력			
양념장 제조	양념장 재료특성에 맞게 혼합, 조절하는 능력			
	숙성온도와 시간을 조절하는 능력			
재료준비와 양념장 사용	조리 종류에 따라 도구를 선택하여 양념장을 조절하여 볶을 수 있는 능력			
	재료 특성에 맞게 양념장의 비율, 첨가 시점을 조절할 수 있는 능력			
화력 조절	조리 종류, 국물의 양에 따라 화력을 조절하여 익힐 수 있는 능력			
그릇 선택 및 완성	조리 종류와 색, 형태 등을 고려하여 그릇을 선택하는 능력			
	그릇과의 조화를 고려하여 담는 능력			
고명 얹기	고명의 종류에 따라 얹어 내는 능력			

작업장 평가

학습내용	평가 항목	성취수준		
		상	중	하
도구와 재료 준비 및 계량	도구의 종류와 용도, 사용법에 따라 선택하는 방법			
	재료를 선별하여 계량하는 방법			
재료 전처리	조리특성에 맞게 썰거나 전처리를 수행하는 방법			
양념장 제조	양념장 재료를 용도에 맞게 활용하는 방법			
	양념장 종류별로 숙성하는 방법			
재료준비와 양념장 사용	재료 특성에 따라 양념장을 선택하여 볶을 수 있는 방법			
	재료에 따라 양념장의 첨가 시점을 조절할 수 있는 방법			
화력 조절	재료 종류에 따라 화력을 조절하여 익힐 수 있는 방법			
그릇 선택 및 완성	조리 종류에 따라 국물 등을 고려하여 그릇을 선택하는 방법			
	조리에 맞는 식기를 선택하여 담아내는 방법			
고명 얹기	볶음 조리 특성에 따라 고명을 얹어내는 방법			

학습자 완성품 사진

잔멸치볶음

재료

잔멸치 100g
꽈리고추 80g
마늘 10g
식용유 2큰술
호두 15g
해바리기씨 15g
호박씨 15g
참기름 1/2작은술
참깨 1작은술

소금물

소금 1/3작은술
물 1컵

양념장

간장 작은술
설탕 3큰술
청주 1큰술
통깨 1/2작은술
참기름 1작은술

만드는 법

재료 확인하기

1 잔멸치, 꽈리고추, 마늘, 식용유, 호두, 해바라기씨, 호박씨, 참기름 등 확인하기

사용할 도구 선택하기

2 냄비, 프라이팬, 나무젓가락 등을 선택하여 준비한다.

재료 계량하기

3 각각의 재료 분량을 컵과 계량스푼, 저울로 계량하기

재료 준비하기

4 잔멸는 체에 밭쳐 잔가루와 불순물을 제거한다.
5 꽈리고추는 손질하여 반으로 자른다.
6 마늘은 편으로 썬다.

양념장 만들기

7 분량의 재료를 섞어 양념장을 만든다.

조리하기

8 끓는 소금물에 꽈리고추를 데친다.
9 달군 팬에 기름을 두르고 마늘을 볶는다. 노릇하게 색이 나면 꺼내고, 꽈리고추를 넣어 볶는다. 꽈리고추를 꺼내고 잔멸치가 노릇노릇해질 때까지 볶는다.
10 다른 팬에 호두, 해바라기씨, 호박씨를 볶는다.
11 양념과 준비된 모든 재료를 넣어 재빨리 볶는다.

담아 완성하기

12 잔멸치볶음 담을 그릇을 선택한다.
13 잔멸치볶음을 담아낸다.

평가자 체크리스트

학습내용	평가 항목	성취수준		
		상	중	하
도구와 재료 준비 및 계량	도구의 용도, 사용법에 따라 선택하는 방법			
	적합한 재료를 계량하는 방법			
재료 전처리	재료 특성에 맞게 전처리를 수행하는 방법			
양념장 제조	양념 재료의 비율을 조절하여 수행하는 방법			
	필요에 따라 양념장을 숙성하여 수행하는 방법			
재료준비와 양념장 사용	재료에 따라 양념장에 조리거나 기름에 볶을 수 있는 방법			
	재료에 따라 양념장의 비율을 조절할 수 있는 방법			
화력 조절	재료가 눌어붙거나 모양이 흐트러지지 않게 화력을 조절하여 익힐 수 있는 방법			
그릇 선택 및 완성	조리 종류와 인원수, 분량 등을 고려하여 그릇을 선택하는 방법			
	조리 종류에 따라 그릇을 선택하여 담아내는 방법			
고명 얹기	볶음 조리에 따라 고명을 얹어내는 방법			

포트폴리오

학습내용	평가 항목	성취수준		
		상	중	하
도구와 재료 준비 및 계량	볶음 재료에 따라 팬의 종류를 선택할 수 있는 능력			
	재료의 성분과 특성에 따라 필요량에 맞게 계량할 수 있는 능력			
재료 전처리	조리 특성에 맞게 재료를 전처리하여 수행할 수 있는 능력			
양념장 제조	양념장 재료특성에 맞게 혼합, 조절하는 능력			
	숙성온도와 시간을 조절하는 능력			
재료준비와 양념장 사용	조리 종류에 따라 도구를 선택하여 양념장을 조절하여 볶을 수 있는 능력			
	재료 특성에 맞게 양념장의 비율, 첨가 시점을 조절할 수 있는 능력			
화력 조절	조리 종류, 국물의 양에 따라 화력을 조절하여 익힐 수 있는 능력			
그릇 선택 및 완성	조리 종류와 색, 형태 등을 고려하여 그릇을 선택하는 능력			
	그릇과의 조화를 고려하여 담는 능력			
고명 얹기	고명의 종류에 따라 얹어 내는 능력			

작업장 평가

학습내용	평가 항목	성취수준		
		상	중	하
도구와 재료 준비 및 계량	도구의 종류와 용도, 사용법에 따라 선택하는 방법			
	재료를 선별하여 계량하는 방법			
재료 전처리	조리특성에 맞게 썰거나 전처리를 수행하는 방법			
양념장 제조	양념장 재료를 용도에 맞게 활용하는 방법			
	양념장 종류별로 숙성하는 방법			
재료준비와 양념장 사용	재료 특성에 따라 양념장을 선택하여 볶을 수 있는 방법			
	재료에 따라 양념장의 첨가 시점을 조절할 수 있는 방법			
화력 조절	재료 종류에 따라 화력을 조절하여 익힐 수 있는 방법			
그릇 선택 및 완성	조리 종류에 따라 국물 등을 고려하여 그릇을 선택하는 방법			
	조리에 맞는 식기를 선택하여 담아내는 방법			
고명 얹기	볶음 조리 특성에 따라 고명을 얹어내는 방법			

학습자 완성품 사진

오징어채볶음

재료

- 오징어채 200g

양념

- 고추장 2큰술
- 고운 고춧가루 2작은술
- 물엿 4큰술
- 간장 2큰술
- 맛술 4큰술
- 마요네즈 3큰술
- 설탕 2작은술
- 다진 마늘 1큰술
- 통깨 1/2작은술

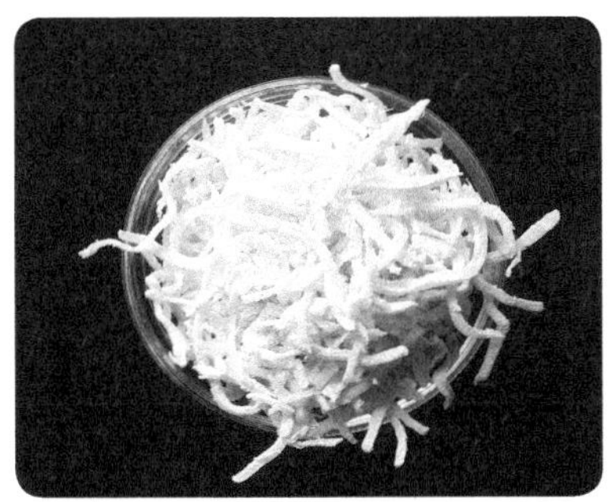

만드는 법

재료 확인하기

1 오징어채, 고추장, 물엿, 간장, 맛술, 마요네즈 등 확인하기

사용할 도구 선택하기

2 냄비, 프라이팬, 나무젓가락 등을 선택하여 준비한다.

재료 계량하기

3 각각의 재료 분량을 컵과 계량스푼, 저울로 계량하기

재료 준비하기

4 오징어채는 끓는 물에 살짝 데쳐서 넓은 그릇에 식힌다.

양념장 만들기

5 팬에 분량의 재료를 섞어 양념장을 만들어 끓인다.

조리하기

6 양념장에 오징어채를 넣어 양념장과 버무리고 불을 끈다.

담아 완성하기

7 오징어채볶음 담을 그릇을 선택한다.
8 오징어채볶음을 담아낸다.

평가자 체크리스트

학습내용	평가 항목	성취수준		
		상	중	하
도구와 재료 준비 및 계량	도구의 용도, 사용법에 따라 선택하는 방법			
	적합한 재료를 계량하는 방법			
재료 전처리	재료 특성에 맞게 전처리를 수행하는 방법			
양념장 제조	양념 재료의 비율을 조절하여 수행하는 방법			
	필요에 따라 양념장을 숙성하여 수행하는 방법			
재료준비와 양념장 사용	재료에 따라 양념장에 조리거나 기름에 볶을 수 있는 방법			
	재료에 따라 양념장의 비율을 조절할 수 있는 방법			
화력 조절	재료가 눌어붙거나 모양이 흐트러지지 않게 화력을 조절하여 익힐 수 있는 방법			
그릇 선택 및 완성	조리 종류와 인원수, 분량 등을 고려하여 그릇을 선택하는 방법			
	조리 종류에 따라 그릇을 선택하여 담아내는 방법			
고명 얹기	볶음 조리에 따라 고명을 얹어내는 방법			

포트폴리오

학습내용	평가 항목	성취수준		
		상	중	하
도구와 재료 준비 및 계량	볶음 재료에 따라 팬의 종류를 선택할 수 있는 능력			
	재료의 성분과 특성에 따라 필요량에 맞게 계량할 수 있는 능력			
재료 전처리	조리 특성에 맞게 재료를 전처리하여 수행할 수 있는 능력			
양념장 제조	양념장 재료특성에 맞게 혼합, 조절하는 능력			
	숙성온도와 시간을 조절하는 능력			
재료준비와 양념장 사용	조리 종류에 따라 도구를 선택하여 양념장을 조절하여 볶을 수 있는 능력			
	재료 특성에 맞게 양념장의 비율, 첨가 시점을 조절할 수 있는 능력			
화력 조절	조리 종류, 국물의 양에 따라 화력을 조절하여 익힐 수 있는 능력			
그릇 선택 및 완성	조리 종류와 색, 형태 등을 고려하여 그릇을 선택하는 능력			
	그릇과의 조화를 고려하여 담는 능력			
고명 얹기	고명의 종류에 따라 얹어 내는 능력			

작업장 평가

학습내용	평가 항목	성취수준		
		상	중	하
도구와 재료 준비 및 계량	도구의 종류와 용도, 사용법에 따라 선택하는 방법			
	재료를 선별하여 계량하는 방법			
재료 전처리	조리특성에 맞게 썰거나 전처리를 수행하는 방법			
양념장 제조	양념장 재료를 용도에 맞게 활용하는 방법			
	양념장 종류별로 숙성하는 방법			
재료준비와 양념장 사용	재료 특성에 따라 양념장을 선택하여 볶을 수 있는 방법			
	재료에 따라 양념장의 첨가 시점을 조절할 수 있는 방법			
화력 조절	재료 종류에 따라 화력을 조절하여 익힐 수 있는 방법			
그릇 선택 및 완성	조리 종류에 따라 국물 등을 고려하여 그릇을 선택하는 방법			
	조리에 맞는 식기를 선택하여 담아내는 방법			
고명 얹기	볶음 조리 특성에 따라 고명을 얹어내는 방법			

학습자 완성품 사진

낙지볶음

재료

- 낙지 2마리 · 굵은소금 3큰술
- 양파 100g · 쪽파 3개
- 풋고추 2개 · 죽순 40g
- 양송이버섯 50g · 식용유 2큰술

삶는 물

- 물 1컵 · 소금 1/3작은술

양념

- 고추장 3큰술 · 고춧가루 1큰술
- 설탕 2작은술 · 물엿 1큰술
- 간장 1작은술 · 청주 1큰술
- 다진 대파 1큰술
- 다진 마늘 1큰술
- 참깨 2작은술
- 참기름 2작은술
- 후춧가루 약간

만드는 법

재료 확인하기

1 낙지, 굵은소금, 양파, 쪽파, 풋고추, 죽순, 양송이버섯, 식용유, 고추장, 고춧가루 등 확인하기

사용할 도구 선택하기

2 냄비, 프라이팬, 나무젓가락 등을 선택하여 준비한다.

재료 계량하기

3 각각의 재료 분량을 컵과 계량스푼, 저울로 계량하기

재료 준비하기

4 낙지는 머리를 자르고 눈과 내장을 제거하여 소금으로 바락바락 주물러 씻는다. 6cm 길이로 썬다.
5 양파는 1cm 두께로 채 썬다.
6 쪽파는 4cm 길이로 썬다.
7 풋고추는 어슷하게 썰어 씨를 제거한다.
8 죽순은 4cm 길이로 빗살모양을 살려 썬다.
9 양송이버섯은 껍질을 벗기고 0.5cm 두께의 편으로 썬다.

양념장 만들기

10 분량의 재료를 섞어 양념장을 만든다.

조리하기

11 끓는 소금물에 죽순을 데쳐 찬물에 헹군다.
12 끓는 물에 낙지를 빠르게 데친다.
13 달궈진 팬에 식용유를 두르고 양파, 낙지, 죽순, 풋고추, 양송이버섯을 넣고 볶고 낙지와 양념을 넣어 볶는다. 쪽파를 넣어 잘 버무려 볶는다.

담아 완성하기

14 낙지볶음 담을 그릇을 선택한다.
15 낙지볶음을 담아낸다.

평가자 체크리스트

학습내용	평가 항목	성취수준		
		상	중	하
도구와 재료 준비 및 계량	도구의 용도, 사용법에 따라 선택하는 방법			
	적합한 재료를 계량하는 방법			
재료 전처리	재료 특성에 맞게 전처리를 수행하는 방법			
양념장 제조	양념 재료의 비율을 조절하여 수행하는 방법			
	필요에 따라 양념장을 숙성하여 수행하는 방법			
재료준비와 양념장 사용	재료에 따라 양념장에 조리거나 기름에 볶을 수 있는 방법			
	재료에 따라 양념장의 비율을 조절할 수 있는 방법			
화력 조절	재료가 눌어붙거나 모양이 흐트러지지 않게 화력을 조절하여 익힐 수 있는 방법			
그릇 선택 및 완성	조리 종류와 인원수, 분량 등을 고려하여 그릇을 선택하는 방법			
	조리 종류에 따라 그릇을 선택하여 담아내는 방법			
고명 얹기	볶음 조리에 따라 고명을 얹어내는 방법			

포트폴리오

학습내용	평가 항목	성취수준		
		상	중	하
도구와 재료 준비 및 계량	볶음 재료에 따라 팬의 종류를 선택할 수 있는 능력			
	재료의 성분과 특성에 따라 필요량에 맞게 계량할 수 있는 능력			
재료 전처리	조리 특성에 맞게 재료를 전처리하여 수행할 수 있는 능력			
양념장 제조	양념장 재료특성에 맞게 혼합, 조절하는 능력			
	숙성온도와 시간을 조절하는 능력			
재료준비와 양념장 사용	조리 종류에 따라 도구를 선택하여 양념장을 조절하여 볶을 수 있는 능력			
	재료 특성에 맞게 양념장의 비율, 첨가 시점을 조절할 수 있는 능력			
화력 조절	조리 종류, 국물의 양에 따라 화력을 조절하여 익힐 수 있는 능력			
그릇 선택 및 완성	조리 종류와 색, 형태 등을 고려하여 그릇을 선택하는 능력			
	그릇과의 조화를 고려하여 담는 능력			
고명 얹기	고명의 종류에 따라 얹어 내는 능력			

작업장 평가

학습내용	평가 항목	성취수준		
		상	중	하
도구와 재료 준비 및 계량	도구의 종류와 용도, 사용법에 따라 선택하는 방법			
	재료를 선별하여 계량하는 방법			
재료 전처리	조리특성에 맞게 썰거나 전처리를 수행하는 방법			
양념장 제조	양념장 재료를 용도에 맞게 활용하는 방법			
	양념장 종류별로 숙성하는 방법			
재료준비와 양념장 사용	재료 특성에 따라 양념장을 선택하여 볶을 수 있는 방법			
	재료에 따라 양념장의 첨가 시점을 조절할 수 있는 방법			
화력 조절	재료 종류에 따라 화력을 조절하여 익힐 수 있는 방법			
그릇 선택 및 완성	조리 종류에 따라 국물 등을 고려하여 그릇을 선택하는 방법			
	조리에 맞는 식기를 선택하여 담아내는 방법			
고명 얹기	볶음 조리 특성에 따라 고명을 얹어내는 방법			

학습자 완성품 사진

제육볶음

재료

- 돼지고기 300g
- 양파 100g
- 식용유 1큰술

양념

- 고추장 2½큰술
- 고춧가루 2큰술
- 간장 2작은술
- 설탕 2큰술
- 다진 마늘 1큰술
- 생강즙 2작은술
- 후춧가루 1/6작은술
- 참기름 1큰술

만드는 법

재료 확인하기

1 돼지고기, 양파, 식용유, 고추장, 고춧가루, 설탕 등 확인하기

사용할 도구 선택하기

2 냄비, 프라이팬, 나무젓가락 등을 선택하여 준비한다.

재료 계량하기

3 각각의 재료 분량을 컵과 계량스푼, 저울로 계량하기

재료 준비하기

4 돼지고기는 먹기 좋은 크기로 썬다.
5 양파는 1cm 두께로 길게 썬다.

조리하기

6 양념에 돼지고기를 버무린다.
7 팬에 식용유를 두르고 양념한 돼지고기와 양파를 넣어 볶는다.

담아 완성하기

8 제육볶음 담을 그릇을 선택한다.
9 제육볶음을 담아낸다.

평가자 체크리스트

학습내용	평가 항목	성취수준		
		상	중	하
도구와 재료 준비 및 계량	도구의 용도, 사용법에 따라 선택하는 방법			
	적합한 재료를 계량하는 방법			
재료 전처리	재료 특성에 맞게 전처리를 수행하는 방법			
양념장 제조	양념 재료의 비율을 조절하여 수행하는 방법			
	필요에 따라 양념장을 숙성하여 수행하는 방법			
재료준비와 양념장 사용	재료에 따라 양념장에 조리거나 기름에 볶을 수 있는 방법			
	재료에 따라 양념장의 비율을 조절할 수 있는 방법			
화력 조절	재료가 눌어붙거나 모양이 흐트러지지 않게 화력을 조절하여 익힐 수 있는 방법			
그릇 선택 및 완성	조리 종류와 인원수, 분량 등을 고려하여 그릇을 선택하는 방법			
	조리 종류에 따라 그릇을 선택하여 담아내는 방법			
고명 얹기	볶음 조리에 따라 고명을 얹어내는 방법			

포트폴리오

학습내용	평가 항목	성취수준		
		상	중	하
도구와 재료 준비 및 계량	볶음 재료에 따라 팬의 종류를 선택할 수 있는 능력			
	재료의 성분과 특성에 따라 필요량에 맞게 계량할 수 있는 능력			
재료 전처리	조리 특성에 맞게 재료를 전처리하여 수행할 수 있는 능력			
양념장 제조	양념장 재료특성에 맞게 혼합, 조절하는 능력			
	숙성온도와 시간을 조절하는 능력			
재료준비와 양념장 사용	조리 종류에 따라 도구를 선택하여 양념장을 조절하여 볶을 수 있는 능력			
	재료 특성에 맞게 양념장의 비율, 첨가 시점을 조절할 수 있는 능력			
화력 조절	조리 종류, 국물의 양에 따라 화력을 조절하여 익힐 수 있는 능력			
그릇 선택 및 완성	조리 종류와 색, 형태 등을 고려하여 그릇을 선택하는 능력			
	그릇과의 조화를 고려하여 담는 능력			
고명 얹기	고명의 종류에 따라 얹어 내는 능력			

작업장 평가

학습내용	평가 항목	성취수준		
		상	중	하
도구와 재료 준비 및 계량	도구의 종류와 용도, 사용법에 따라 선택하는 방법			
	재료를 선별하여 계량하는 방법			
재료 전처리	조리특성에 맞게 썰거나 전처리를 수행하는 방법			
양념장 제조	양념장 재료를 용도에 맞게 활용하는 방법			
	양념장 종류별로 숙성하는 방법			
재료준비와 양념장 사용	재료 특성에 따라 양념장을 선택하여 볶을 수 있는 방법			
	재료에 따라 양념장의 첨가 시점을 조절할 수 있는 방법			
화력 조절	재료 종류에 따라 화력을 조절하여 익힐 수 있는 방법			
그릇 선택 및 완성	조리 종류에 따라 국물 등을 고려하여 그릇을 선택하는 방법			
	조리에 맞는 식기를 선택하여 담아내는 방법			
고명 얹기	볶음 조리 특성에 따라 고명을 얹어내는 방법			

학습자 완성품 사진

닭갈비볶음

재료

- 닭 1/2마리(400g)
- 양배추 200g
- 양파 100g
- 고구마 100g
- 가래떡 100g
- 붉은 고추 1개
- 풋고추 1개
- 대파 100g
- 깻잎 10장
- 식용유 3큰술

양념

- 간장 2큰술
- 고추장 2큰술
- 고춧가루 5큰술
- 설탕 1큰술
- 물엿 3큰술
- 다진 대파 2큰술
- 다진 마늘 1큰술
- 강즙 1큰술
- 청주 3큰술
- 참기름 1큰술
- 참깨 1큰술
- 후춧가루 1/6작은술

만드는 법

재료 확인하기

1 닭, 양배추, 양파, 고구마, 가래떡, 붉은 고추, 풋고추, 대파, 깻잎 등 확인하기

사용할 도구 선택하기

2 냄비, 프라이팬, 나무젓가락 등을 선택하여 준비한다.

재료 계량하기

3 각각의 재료 분량을 컵과 계량스푼, 저울로 계량하기

재료 준비하기

4 닭은 뼈를 제거하고, 깨끗하게 손질하여 먹기 좋은 크기로 자른다.
5 양배추는 4cm×4cm 크기로 썬다.
6 양파는 굵게 채 썬다.
7 고구마는 1cm×3cm×4cm 크기로 썬다.
8 가래떡은 물에 담가둔다.
9 붉은 고추, 풋고추는 어슷썰기하여 씨를 제거한다.
10 대파는 굵게 어슷썰기를 한다.
11 깻잎은 씻어 물기를 제거하고 6등분하여 썬다.

양념장 만들기

12 분량의 재료를 섞어 양념을 만든다.

조리하기

13 양념에 닭고기를 버무려 1시간 정도 재운다.
14 달궈진 두꺼운 팬에 식용유를 두르고, 양념한 닭과 채소를 넣어 익힌다.
※ 두꺼운 닭갈비전용 팬에 볶으면 맛이 더 좋다.

담아 완성하기

15 닭갈비볶음 담을 그릇을 선택한다.
16 닭갈비볶음을 담아낸다.

평가자 체크리스트

학습내용	평가 항목	성취수준		
		상	중	하
도구와 재료 준비 및 계량	도구의 용도, 사용법에 따라 선택하는 방법			
	적합한 재료를 계량하는 방법			
재료 전처리	재료 특성에 맞게 전처리를 수행하는 방법			
양념장 제조	양념 재료의 비율을 조절하여 수행하는 방법			
	필요에 따라 양념장을 숙성하여 수행하는 방법			
재료준비와 양념장 사용	재료에 따라 양념장에 조리거나 기름에 볶을 수 있는 방법			
	재료에 따라 양념장의 비율을 조절할 수 있는 방법			
화력 조절	재료가 눌어붙거나 모양이 흐트러지지 않게 화력을 조절하여 익힐 수 있는 방법			
그릇 선택 및 완성	조리 종류와 인원수, 분량 등을 고려하여 그릇을 선택하는 방법			
	조리 종류에 따라 그릇을 선택하여 담아내는 방법			
고명 얹기	볶음 조리에 따라 고명을 얹어내는 방법			

포트폴리오

학습내용	평가 항목	성취수준		
		상	중	하
도구와 재료 준비 및 계량	볶음 재료에 따라 팬의 종류를 선택할 수 있는 능력			
	재료의 성분과 특성에 따라 필요량에 맞게 계량할 수 있는 능력			
재료 전처리	조리 특성에 맞게 재료를 전처리하여 수행할 수 있는 능력			
양념장 제조	양념장 재료특성에 맞게 혼합, 조절하는 능력			
	숙성온도와 시간을 조절하는 능력			
재료준비와 양념장 사용	조리 종류에 따라 도구를 선택하여 양념장을 조절하여 볶을 수 있는 능력			
	재료 특성에 맞게 양념장의 비율, 첨가 시점을 조절할 수 있는 능력			
화력 조절	조리 종류, 국물의 양에 따라 화력을 조절하여 익힐 수 있는 능력			
그릇 선택 및 완성	조리 종류와 색, 형태 등을 고려하여 그릇을 선택하는 능력			
	그릇과의 조화를 고려하여 담는 능력			
고명 얹기	고명의 종류에 따라 얹어 내는 능력			

작업장 평가

학습내용	평가 항목	성취수준		
		상	중	하
도구와 재료 준비 및 계량	도구의 종류와 용도, 사용법에 따라 선택하는 방법			
	재료를 선별하여 계량하는 방법			
재료 전처리	조리특성에 맞게 썰거나 전처리를 수행하는 방법			
양념장 제조	양념장 재료를 용도에 맞게 활용하는 방법			
	양념장 종류별로 숙성하는 방법			
재료준비와 양념장 사용	재료 특성에 따라 양념장을 선택하여 볶을 수 있는 방법			
	재료에 따라 양념장의 첨가 시점을 조절할 수 있는 방법			
화력 조절	재료 종류에 따라 화력을 조절하여 익힐 수 있는 방법			
그릇 선택 및 완성	조리 종류에 따라 국물 등을 고려하여 그릇을 선택하는 방법			
	조리에 맞는 식기를 선택하여 담아내는 방법			
고명 얹기	볶음 조리 특성에 따라 고명을 얹어내는 방법			

학습자 완성품 사진

소고기볶음

재료

- 소고기 등심(불고기용) 200g
- 양파 50g
- 대파 50g
- 불린 표고버섯 2개
- 식용유 1큰술

고기양념

- 간장 2큰술
- 설탕 1큰술
- 배즙 1큰술
- 양파즙 1큰술
- 다진 대파 2큰술
- 다진 마늘 1큰술
- 참기름 1큰술
- 참깨 1/2큰술
- 청주 1큰술
- 후춧가루 1/6작은술

만드는 법

재료 확인하기

1 소고기 등심, 양파, 대파, 표고버섯, 식용유, 간장, 설탕, 배즙 등 확인하기

사용할 도구 선택하기

2 냄비, 프라이팬, 나무젓가락 등을 선택하여 준비한다.

재료 계량하기

3 각각의 재료 분량을 컵과 계량스푼, 저울로 계량하기

재료 준비하기

4 소고기 등심은 핏물을 제거한다.
5 양파는 채 썰고 대파는 어슷썰기를 한다.
6 표고버섯은 채 썬다.

양념장 만들기

7 분량의 재료를 섞어 고기양념을 만든다.

조리하기

8 소고기는 고기양념에 잘 버무린다.
9 달구어진 팬에 식용유를 두르고 양념한 고기를 볶아 반 정도 익으면 양파, 대파, 표고버섯을 넣어 함께 익힌다.

담아 완성하기

10 불고기 담을 그릇을 선택한다.
11 불고기를 그릇에 담아낸다.

평가자 체크리스트

학습내용	평가 항목	성취수준		
		상	중	하
도구와 재료 준비 및 계량	도구의 용도, 사용법에 따라 선택하는 방법			
	적합한 재료를 계량하는 방법			
재료 전처리	재료 특성에 맞게 전처리를 수행하는 방법			
양념장 제조	양념 재료의 비율을 조절하여 수행하는 방법			
	필요에 따라 양념장을 숙성하여 수행하는 방법			
재료준비와 양념장 사용	재료에 따라 양념장에 조리거나 기름에 볶을 수 있는 방법			
	재료에 따라 양념장의 비율을 조절할 수 있는 방법			
화력 조절	재료가 눌어붙거나 모양이 흐트러지지 않게 화력을 조절하여 익힐 수 있는 방법			
그릇 선택 및 완성	조리 종류와 인원수, 분량 등을 고려하여 그릇을 선택하는 방법			
	조리 종류에 따라 그릇을 선택하여 담아내는 방법			
고명 얹기	볶음 조리에 따라 고명을 얹어내는 방법			

포트폴리오

학습내용	평가 항목	성취수준		
		상	중	하
도구와 재료 준비 및 계량	볶음 재료에 따라 팬의 종류를 선택할 수 있는 능력			
	재료의 성분과 특성에 따라 필요량에 맞게 계량할 수 있는 능력			
재료 전처리	조리 특성에 맞게 재료를 전처리하여 수행할 수 있는 능력			
양념장 제조	양념장 재료특성에 맞게 혼합, 조절하는 능력			
	숙성온도와 시간을 조절하는 능력			
재료준비와 양념장 사용	조리 종류에 따라 도구를 선택하여 양념장을 조절하여 볶을 수 있는 능력			
	재료 특성에 맞게 양념장의 비율, 첨가 시점을 조절할 수 있는 능력			
화력 조절	조리 종류, 국물의 양에 따라 화력을 조절하여 익힐 수 있는 능력			
그릇 선택 및 완성	조리 종류와 색, 형태 등을 고려하여 그릇을 선택하는 능력			
	그릇과의 조화를 고려하여 담는 능력			
고명 얹기	고명의 종류에 따라 얹어 내는 능력			

작업장 평가

학습내용	평가 항목	성취수준		
		상	중	하
도구와 재료 준비 및 계량	도구의 종류와 용도, 사용법에 따라 선택하는 방법			
	재료를 선별하여 계량하는 방법			
재료 전처리	조리특성에 맞게 썰거나 전처리를 수행하는 방법			
양념장 제조	양념장 재료를 용도에 맞게 활용하는 방법			
	양념장 종류별로 숙성하는 방법			
재료준비와 양념장 사용	재료 특성에 따라 양념장을 선택하여 볶을 수 있는 방법			
	재료에 따라 양념장의 첨가 시점을 조절할 수 있는 방법			
화력 조절	재료 종류에 따라 화력을 조절하여 익힐 수 있는 방법			
그릇 선택 및 완성	조리 종류에 따라 국물 등을 고려하여 그릇을 선택하는 방법			
	조리에 맞는 식기를 선택하여 담아내는 방법			
고명 얹기	볶음 조리 특성에 따라 고명을 얹어내는 방법			

학습자 완성품 사진

궁중떡볶이

재료

- 떡볶이용 떡 200g
- 당근 20g
- 양파 50g
- 숙주 100g
- 불린 표고버섯 2장
- 소고기 50g
- 달걀 1개
- 식용유 적당량
- 소금 적당량

기름장

- 간장 1작은술
- 참기름 1작은술

양념장

- 간장 2작은술
- 설탕 1작은술
- 다진 대파 2작은술
- 다진 마늘 1작은술
- 참기름 1작은술
- 참깨 1/2작은술
- 후춧가루 약간

만드는 법

재료 확인하기

1 떡, 당근, 양파, 숙주, 표고버섯, 소고기, 달걀, 식용유 등 확인하기

사용할 도구 선택하기

2 냄비, 프라이팬, 나무젓가락 등을 선택하여 준비한다.

재료 계량하기

3 각각의 재료 분량을 컵과 계량스푼, 저울로 계량하기

재료 준비하기

4 떡은 5cm 길이로 썬다.
5 숙주는 머리와 꼬리를 뗀다.
6 당근은 4cm×0.4cm×0.4cm 크기로 썬다.
7 양파는 1cm 두께로 채 썬다.
8 표고버섯은 기둥을 떼어내고 채 썬다.
9 소고기는 결대로 채 썬다.

양념장 만들기

10 분량의 재료를 섞어 양념장을 만든다.

조리하기

11 떡은 끓는 물에 데쳐 말랑하게 하여 간장, 참기름에 버무린다.
12 표고버섯과 소고기는 양념장에 버무린다.
13 달걀은 황백으로 지단을 부쳐 채 썬다.
14 숙주는 끓는 소금물에 데친다.
15 달구어진 팬에 식용유를 두르고 소고기, 표고버섯, 당근, 양파를 넣어 볶고 가래떡, 숙주를 넣어 볶는다.

담아 완성하기

16 궁중떡볶이 담을 그릇을 선택한다.
17 궁중떡볶이를 따뜻하게 담아낸다. 달걀지단을 고명으로 얹는다.

평가자 체크리스트

학습내용	평가 항목	성취수준		
		상	중	하
도구와 재료 준비 및 계량	도구의 용도, 사용법에 따라 선택하는 방법			
	적합한 재료를 계량하는 방법			
재료 전처리	재료 특성에 맞게 전처리를 수행하는 방법			
양념장 제조	양념 재료의 비율을 조절하여 수행하는 방법			
	필요에 따라 양념장을 숙성하여 수행하는 방법			
재료준비와 양념장 사용	재료에 따라 양념장에 조리거나 기름에 볶을 수 있는 방법			
	재료에 따라 양념장의 비율을 조절할 수 있는 방법			
화력 조절	재료가 눌어붙거나 모양이 흐트러지지 않게 화력을 조절하여 익힐 수 있는 방법			
그릇 선택 및 완성	조리 종류와 인원수, 분량 등을 고려하여 그릇을 선택하는 방법			
	조리 종류에 따라 그릇을 선택하여 담아내는 방법			
고명 얹기	볶음 조리에 따라 고명을 얹어내는 방법			

포트폴리오

학습내용	평가 항목	성취수준		
		상	중	하
도구와 재료 준비 및 계량	볶음 재료에 따라 팬의 종류를 선택할 수 있는 능력			
	재료의 성분과 특성에 따라 필요량에 맞게 계량할 수 있는 능력			
재료 전처리	조리 특성에 맞게 재료를 전처리하여 수행할 수 있는 능력			
양념장 제조	양념장 재료특성에 맞게 혼합, 조절하는 능력			
	숙성온도와 시간을 조절하는 능력			
재료준비와 양념장 사용	조리 종류에 따라 도구를 선택하여 양념장을 조절하여 볶을 수 있는 능력			
	재료 특성에 맞게 양념장의 비율, 첨가 시점을 조절할 수 있는 능력			
화력 조절	조리 종류, 국물의 양에 따라 화력을 조절하여 익힐 수 있는 능력			
그릇 선택 및 완성	조리 종류와 색, 형태 등을 고려하여 그릇을 선택하는 능력			
	그릇과의 조화를 고려하여 담는 능력			
고명 얹기	고명의 종류에 따라 얹어 내는 능력			

작업장 평가

학습내용	평가 항목	성취수준		
		상	중	하
도구와 재료 준비 및 계량	도구의 종류와 용도, 사용법에 따라 선택하는 방법			
	재료를 선별하여 계량하는 방법			
재료 전처리	조리특성에 맞게 썰거나 전처리를 수행하는 방법			
양념장 제조	양념장 재료를 용도에 맞게 활용하는 방법			
	양념장 종류별로 숙성하는 방법			
재료준비와 양념장 사용	재료 특성에 따라 양념장을 선택하여 볶을 수 있는 방법			
	재료에 따라 양념장의 첨가 시점을 조절할 수 있는 방법			
화력 조절	재료 종류에 따라 화력을 조절하여 익힐 수 있는 방법			
그릇 선택 및 완성	조리 종류에 따라 국물 등을 고려하여 그릇을 선택하는 방법			
	조리에 맞는 식기를 선택하여 담아내는 방법			
고명 얹기	볶음 조리 특성에 따라 고명을 얹어내는 방법			

학습자 완성품 사진

돼지고기간장볶음

재료

- 돼지고기 안심 130g
- 배추잎 50g
- 대파 30g
- 팽이버섯 20g

양념

- 간장 1큰술
- 설탕 1작은술
- 물엿 1/2큰술
- 후춧가루 1/6작은술
- 참기름 1/2큰술
- 참깨 1/2작은술
- 식용유 1큰술

만드는 법

재료 확인하기

1 돼지고기 안심, 배추잎, 대파, 팽이버섯 등을 확인하기

사용할 도구 선택하기

2 웍, 도마, 칼, 가위, 주걱, 국자 등 준비하기

재료 계량하기

3 각각의 재료분량을 컵과 저울 등으로 계량하기

재료 준비하기

4 돼지고기는 0.3cm 두께로 한입 크기 정도로 썬다.

5 배추잎은 씻어서 4cm×5cm 크기로 썬다.

6 대파는 반으로 갈라 5cm 길이로 썬다.

7 팽이버섯은 밑동을 제거하고 손질한다.

8 양념장을 만들고 돼지고기에 버무린다.

조리하기

9 달궈진 팬에 식용유를 두르고 준비된 대파, 표고, 배추, 양념된 돼지고기, 팽이버섯 순서로 넣어 볶는다.

담아 완성하기

10 돼지고기간장볶음 담을 그릇을 선택한다.

11 그릇에 돼지고기간장볶음을 보기 좋게 담는다.

평가자 체크리스트

학습내용	평가 항목	성취수준		
		상	중	하
도구와 재료 준비 및 계량	도구의 용도, 사용법에 따라 선택하는 방법			
	적합한 재료를 계량하는 방법			
재료 전처리	재료 특성에 맞게 전처리를 수행하는 방법			
양념장 제조	양념 재료의 비율을 조절하여 수행하는 방법			
	필요에 따라 양념장을 숙성하여 수행하는 방법			
재료준비와 양념장 사용	재료에 따라 양념장에 조리거나 기름에 볶을 수 있는 방법			
	재료에 따라 양념장의 비율을 조절할 수 있는 방법			
화력 조절	재료가 눌어붙거나 모양이 흐트러지지 않게 화력을 조절하여 익힐 수 있는 방법			
그릇 선택 및 완성	조리 종류와 인원수, 분량 등을 고려하여 그릇을 선택하는 방법			
	조리 종류에 따라 그릇을 선택하여 담아내는 방법			
고명 얹기	볶음 조리에 따라 고명을 얹어내는 방법			

포트폴리오

학습내용	평가 항목	성취수준		
		상	중	하
도구와 재료 준비 및 계량	볶음 재료에 따라 팬의 종류를 선택할 수 있는 능력			
	재료의 성분과 특성에 따라 필요량에 맞게 계량할 수 있는 능력			
재료 전처리	조리 특성에 맞게 재료를 전처리하여 수행할 수 있는 능력			
양념장 제조	양념장 재료특성에 맞게 혼합, 조절하는 능력			
	숙성온도와 시간을 조절하는 능력			
재료준비와 양념장 사용	조리 종류에 따라 도구를 선택하여 양념장을 조절하여 볶을 수 있는 능력			
	재료 특성에 맞게 양념장의 비율, 첨가 시점을 조절할 수 있는 능력			
화력 조절	조리 종류, 국물의 양에 따라 화력을 조절하여 익힐 수 있는 능력			
그릇 선택 및 완성	조리 종류와 색, 형태 등을 고려하여 그릇을 선택하는 능력			
	그릇과의 조화를 고려하여 담는 능력			
고명 얹기	고명의 종류에 따라 얹어 내는 능력			

작업장 평가

학습내용	평가 항목	성취수준		
		상	중	하
도구와 재료 준비 및 계량	도구의 종류와 용도, 사용법에 따라 선택하는 방법			
	재료를 선별하여 계량하는 방법			
재료 전처리	조리특성에 맞게 썰거나 전처리를 수행하는 방법			
양념장 제조	양념장 재료를 용도에 맞게 활용하는 방법			
	양념장 종류별로 숙성하는 방법			
재료준비와 양념장 사용	재료 특성에 따라 양념장을 선택하여 볶을 수 있는 방법			
	재료에 따라 양념장의 첨가 시점을 조절할 수 있는 방법			
화력 조절	재료 종류에 따라 화력을 조절하여 익힐 수 있는 방법			
그릇 선택 및 완성	조리 종류에 따라 국물 등을 고려하여 그릇을 선택하는 방법			
	조리에 맞는 식기를 선택하여 담아내는 방법			
고명 얹기	볶음 조리 특성에 따라 고명을 얹어내는 방법			

학습자 완성품 사진

오뎅볶음

재료

- 오뎅 300g(사각 5장)
- 양파 100g
- 대파 50g
- 식용유 2큰술

양념

- 간장 2작은술
- 다진 마늘 1큰술
- 참기름 1큰술
- 미림 3큰술
- 물엿 2큰술
- 고춧가루 2큰술
- 참깨 2작은술
- 후춧가루 1/6작은술

만드는 법

재료 확인하기

1 오뎅, 양파, 대파, 양념 등을 확인하기

사용할 도구 선택하기

2 냄비, 도마, 칼, 가위, 주걱, 국자 등 준비하기

재료 계량하기

3 각각의 재료분량을 컵과 저울 등으로 계량하기

재료 준비하기

4 오뎅은 반을 갈라 8등분을 하여 한입에 먹기 좋도록 썬다.
5 양파는 1cm 두께로 채를 썬다.
6 대파는 어슷썰기를 한다.

조리하기

7 웍에 기름을 두르고 준비된 재료와 양념을 넣어 볶는다.

담아 완성하기

8 오뎅볶음 담을 그릇을 선택한다.
9 그릇에 오뎅볶음을 보기 좋게 담는다.

평가자 체크리스트

학습내용	평가 항목	성취수준		
		상	중	하
도구와 재료 준비 및 계량	도구의 용도, 사용법에 따라 선택하는 방법			
	적합한 재료를 계량하는 방법			
재료 전처리	재료 특성에 맞게 전처리를 수행하는 방법			
양념장 제조	양념 재료의 비율을 조절하여 수행하는 방법			
	필요에 따라 양념장을 숙성하여 수행하는 방법			
재료준비와 양념장 사용	재료에 따라 양념장에 조리거나 기름에 볶을 수 있는 방법			
	재료에 따라 양념장의 비율을 조절할 수 있는 방법			
화력 조절	재료가 눌어붙거나 모양이 흐트러지지 않게 화력을 조절하여 익힐 수 있는 방법			
그릇 선택 및 완성	조리 종류와 인원수, 분량 등을 고려하여 그릇을 선택하는 방법			
	조리 종류에 따라 그릇을 선택하여 담아내는 방법			
고명 얹기	볶음 조리에 따라 고명을 얹어내는 방법			

포트폴리오

학습내용	평가 항목	성취수준		
		상	중	하
도구와 재료 준비 및 계량	볶음 재료에 따라 팬의 종류를 선택할 수 있는 능력			
	재료의 성분과 특성에 따라 필요량에 맞게 계량할 수 있는 능력			
재료 전처리	조리 특성에 맞게 재료를 전처리하여 수행할 수 있는 능력			
양념장 제조	양념장 재료특성에 맞게 혼합, 조절하는 능력			
	숙성온도와 시간을 조절하는 능력			
재료준비와 양념장 사용	조리 종류에 따라 도구를 선택하여 양념장을 조절하여 볶을 수 있는 능력			
	재료 특성에 맞게 양념장의 비율, 첨가 시점을 조절할 수 있는 능력			
화력 조절	조리 종류, 국물의 양에 따라 화력을 조절하여 익힐 수 있는 능력			
그릇 선택 및 완성	조리 종류와 색, 형태 등을 고려하여 그릇을 선택하는 능력			
	그릇과의 조화를 고려하여 담는 능력			
고명 얹기	고명의 종류에 따라 얹어 내는 능력			

작업장 평가

학습내용	평가 항목	성취수준		
		상	중	하
도구와 재료 준비 및 계량	도구의 종류와 용도, 사용법에 따라 선택하는 방법			
	재료를 선별하여 계량하는 방법			
재료 전처리	조리특성에 맞게 썰거나 전처리를 수행하는 방법			
양념장 제조	양념장 재료를 용도에 맞게 활용하는 방법			
	양념장 종류별로 숙성하는 방법			
재료준비와 양념장 사용	재료 특성에 따라 양념장을 선택하여 볶을 수 있는 방법			
	재료에 따라 양념장의 첨가 시점을 조절할 수 있는 방법			
화력 조절	재료 종류에 따라 화력을 조절하여 익힐 수 있는 방법			
그릇 선택 및 완성	조리 종류에 따라 국물 등을 고려하여 그릇을 선택하는 방법			
	조리에 맞는 식기를 선택하여 담아내는 방법			
고명 얹기	볶음 조리 특성에 따라 고명을 얹어내는 방법			

학습자 완성품 사진

가지볶음

재료

- 가지 1개(150g)
- 다진 소고기 30g
- 양파 25g
- 대파 20g
- 마늘 15g
- 홍고추 1개
- 식용유 2큰술

양념

- 간장 1/2큰술
- 미림 2큰술
- 후춧가루 1/6작은술
- 참깨 1작은술
- 참기름 1/2큰술
- 설탕 1/2큰술

만드는 법

재료 확인하기

1 가지, 다진 소고기, 양파, 대파, 마늘, 홍고추, 양념 등을 확인하기

사용할 도구 선택하기

2 웍, 도마, 칼, 가위, 주걱, 국자 등 준비하기

재료 계량하기

3 각각의 재료분량을 컵과 저울 등으로 계량하기

재료 준비하기

4 가지는 길이로 반을 갈라 6cm×1cm 크기로 썬다.

5 양파는 0.5cm 크기로 썬다.

6 대파는 0.8cm 크기로 썬다.

7 마늘은 편으로 썬다.

8 홍고추는 0.5cm 크기로 썬다.

조리하기

9 웍에 기름을 두르고 준비된 마늘, 양파, 대파, 핏물을 제거한 고기 순으로 볶고 가지와 양념, 물 7큰술을 넣어 볶고 맛이 어우러지면 홍고추를 넣어 섞어 볶는다.

담아 완성하기

10 가지볶음 담을 그릇을 선택한다.

11 그릇에 가지볶음을 보기 좋게 담는다.

평가자 체크리스트

학습내용	평가 항목	성취수준		
		상	중	하
도구와 재료 준비 및 계량	도구의 용도, 사용법에 따라 선택하는 방법			
	적합한 재료를 계량하는 방법			
재료 전처리	재료 특성에 맞게 전처리를 수행하는 방법			
양념장 제조	양념 재료의 비율을 조절하여 수행하는 방법			
	필요에 따라 양념장을 숙성하여 수행하는 방법			
재료준비와 양념장 사용	재료에 따라 양념장에 조리거나 기름에 볶을 수 있는 방법			
	재료에 따라 양념장의 비율을 조절할 수 있는 방법			
화력 조절	재료가 눌어붙거나 모양이 흐트러지지 않게 화력을 조절하여 익힐 수 있는 방법			
그릇 선택 및 완성	조리 종류와 인원수, 분량 등을 고려하여 그릇을 선택하는 방법			
	조리 종류에 따라 그릇을 선택하여 담아내는 방법			
고명 얹기	볶음 조리에 따라 고명을 얹어내는 방법			

포트폴리오

학습내용	평가 항목	성취수준		
		상	중	하
도구와 재료 준비 및 계량	볶음 재료에 따라 팬의 종류를 선택할 수 있는 능력			
	재료의 성분과 특성에 따라 필요량에 맞게 계량할 수 있는 능력			
재료 전처리	조리 특성에 맞게 재료를 전처리하여 수행할 수 있는 능력			
양념장 제조	양념장 재료특성에 맞게 혼합, 조절하는 능력			
	숙성온도와 시간을 조절하는 능력			
재료준비와 양념장 사용	조리 종류에 따라 도구를 선택하여 양념장을 조절하여 볶을 수 있는 능력			
	재료 특성에 맞게 양념장의 비율, 첨가 시점을 조절할 수 있는 능력			
화력 조절	조리 종류, 국물의 양에 따라 화력을 조절하여 익힐 수 있는 능력			
그릇 선택 및 완성	조리 종류와 색, 형태 등을 고려하여 그릇을 선택하는 능력			
	그릇과의 조화를 고려하여 담는 능력			
고명 얹기	고명의 종류에 따라 얹어 내는 능력			

작업장 평가

학습내용	평가 항목	성취수준		
		상	중	하
도구와 재료 준비 및 계량	도구의 종류와 용도, 사용법에 따라 선택하는 방법			
	재료를 선별하여 계량하는 방법			
재료 전처리	조리특성에 맞게 썰거나 전처리를 수행하는 방법			
양념장 제조	양념장 재료를 용도에 맞게 활용하는 방법			
	양념장 종류별로 숙성하는 방법			
재료준비와 양념장 사용	재료 특성에 따라 양념장을 선택하여 볶을 수 있는 방법			
	재료에 따라 양념장의 첨가 시점을 조절할 수 있는 방법			
화력 조절	재료 종류에 따라 화력을 조절하여 익힐 수 있는 방법			
그릇 선택 및 완성	조리 종류에 따라 국물 등을 고려하여 그릇을 선택하는 방법			
	조리에 맞는 식기를 선택하여 담아내는 방법			
고명 얹기	볶음 조리 특성에 따라 고명을 얹어내는 방법			

학습자 완성품 사진

주꾸미볶음

재료

- 손질 주꾸미 350g
- 만가닥버섯 50g
- 팽이버섯 50g
- 당근 60g
- 대파 40g
- 홍고추 1개
- 풋고추 1개
- 식용유 1큰술

양념

- 마늘 1큰술
- 생강즙 2작은술
- 고춧가루 3큰술
- 물엿 2큰술
- 간장 2작은술
- 설탕 2작은술
- 미림 2큰술
- 참기름 1큰술
- 참깨 2작은술
- 후춧가루 1/3작은술

만드는 법

재료 확인하기

1 주꾸미, 만가닥버섯, 팽이버섯, 당근, 대파, 홍고추, 풋고추, 식용유 등을 확인하기

사용할 도구 선택하기

2 팬, 도마, 칼, 가위, 주걱, 국자 등 준비하기

재료 계량하기

3 각각의 재료분량을 컵과 저울 등으로 계량하기

재료 준비하기

4 손질 주꾸미는 물에 씻어 끓는 물에 살짝 데친 후 물기를 제거한다.
5 만가닥버섯, 팽이버섯은 밑동을 제거하고 손질한다.
6 당근, 대파는 껍질을 벗기고 2cm×5cm×0.3cm 크기로 썬다.
7 고추는 어슷썰기를 하고 씨를 제거한다.
8 양념장을 만든다.

조리하기

9 달구어진 웍에 식용유를 두르고 대파, 당근, 만가닥버섯, 고추를 볶고 주꾸미와 양념을 넣어 볶고 맛이 어우러지면 팽이버섯을 넣어 볶는다.

담아 완성하기

10 주꾸미볶음 담을 그릇을 선택한다.
11 그릇에 주꾸미볶음을 보기 좋게 담는다.

평가자 체크리스트

학습내용	평가 항목	성취수준		
		상	중	하
도구와 재료 준비 및 계량	도구의 용도, 사용법에 따라 선택하는 방법			
	적합한 재료를 계량하는 방법			
재료 전처리	재료 특성에 맞게 전처리를 수행하는 방법			
양념장 제조	양념 재료의 비율을 조절하여 수행하는 방법			
	필요에 따라 양념장을 숙성하여 수행하는 방법			
재료준비와 양념장 사용	재료에 따라 양념장에 조리거나 기름에 볶을 수 있는 방법			
	재료에 따라 양념장의 비율을 조절할 수 있는 방법			
화력 조절	재료가 눌어붙거나 모양이 흐트러지지 않게 화력을 조절하여 익힐 수 있는 방법			
그릇 선택 및 완성	조리 종류와 인원수, 분량 등을 고려하여 그릇을 선택하는 방법			
	조리 종류에 따라 그릇을 선택하여 담아내는 방법			
고명 얹기	볶음 조리에 따라 고명을 얹어내는 방법			

포트폴리오

학습내용	평가 항목	성취수준		
		상	중	하
도구와 재료 준비 및 계량	볶음 재료에 따라 팬의 종류를 선택할 수 있는 능력			
	재료의 성분과 특성에 따라 필요량에 맞게 계량할 수 있는 능력			
재료 전처리	조리 특성에 맞게 재료를 전처리하여 수행할 수 있는 능력			
양념장 제조	양념장 재료특성에 맞게 혼합, 조절하는 능력			
	숙성온도와 시간을 조절하는 능력			
재료준비와 양념장 사용	조리 종류에 따라 도구를 선택하여 양념장을 조절하여 볶을 수 있는 능력			
	재료 특성에 맞게 양념장의 비율, 첨가 시점을 조절할 수 있는 능력			
화력 조절	조리 종류, 국물의 양에 따라 화력을 조절하여 익힐 수 있는 능력			
그릇 선택 및 완성	조리 종류와 색, 형태 등을 고려하여 그릇을 선택하는 능력			
	그릇과의 조화를 고려하여 담는 능력			
고명 얹기	고명의 종류에 따라 얹어 내는 능력			

작업장 평가

학습내용	평가 항목	성취수준		
		상	중	하
도구와 재료 준비 및 계량	도구의 종류와 용도, 사용법에 따라 선택하는 방법			
	재료를 선별하여 계량하는 방법			
재료 전처리	조리특성에 맞게 썰거나 전처리를 수행하는 방법			
양념장 제조	양념장 재료를 용도에 맞게 활용하는 방법			
	양념장 종류별로 숙성하는 방법			
재료준비와 양념장 사용	재료 특성에 따라 양념장을 선택하여 볶을 수 있는 방법			
	재료에 따라 양념장의 첨가 시점을 조절할 수 있는 방법			
화력 조절	재료 종류에 따라 화력을 조절하여 익힐 수 있는 방법			
그릇 선택 및 완성	조리 종류에 따라 국물 등을 고려하여 그릇을 선택하는 방법			
	조리에 맞는 식기를 선택하여 담아내는 방법			
고명 얹기	볶음 조리 특성에 따라 고명을 얹어내는 방법			

학습자 완성품 사진

고구마순볶음

재료

- 고구마순 220g

소금물

- 물 5컵
- 소금 1작은술

양념

- 들깻가루 1큰술
- 미림 2큰술
- 참깨 1작은술
- 참기름 2작은술
- 국간장 1작은술
- 설탕 1/5작은술
- 다진 대파 1큰술
- 다진 마늘 1작은술

만드는 법

재료 확인하기

1 고구마순, 들깻가루, 양념류 등을 확인하기

사용할 도구 선택하기

2 냄비, 도마, 칼, 가위, 주걱, 국자 등 준비하기

재료 계량하기

3 각각의 재료분량을 컵과 저울 등으로 계량하기

재료 준비하기

4 고구마순은 껍질을 벗긴다.

조리하기

5 끓는 소금물에 고구마순을 삶아 먹기 좋은 크기로 썰어 준비한다.

6 팬에 고구마순과 양념을 모두 넣어 잘 버무리고 양념이 어우러지도록 잘 볶는다.

담아 완성하기

7 고구마순볶음 담을 그릇을 선택한다.

8 그릇에 고구마순볶음을 보기 좋게 담는다.

평가자 체크리스트

학습내용	평가 항목	성취수준		
		상	중	하
도구와 재료 준비 및 계량	도구의 용도, 사용법에 따라 선택하는 방법			
	적합한 재료를 계량하는 방법			
재료 전처리	재료 특성에 맞게 전처리를 수행하는 방법			
양념장 제조	양념 재료의 비율을 조절하여 수행하는 방법			
	필요에 따라 양념장을 숙성하여 수행하는 방법			
재료준비와 양념장 사용	재료에 따라 양념장에 조리거나 기름에 볶을 수 있는 방법			
	재료에 따라 양념장의 비율을 조절할 수 있는 방법			
화력 조절	재료가 눌어붙거나 모양이 흐트러지지 않게 화력을 조절하여 익힐 수 있는 방법			
그릇 선택 및 완성	조리 종류와 인원수, 분량 등을 고려하여 그릇을 선택하는 방법			
	조리 종류에 따라 그릇을 선택하여 담아내는 방법			
고명 얹기	볶음 조리에 따라 고명을 얹어내는 방법			

포트폴리오

학습내용	평가 항목	성취수준		
		상	중	하
도구와 재료 준비 및 계량	볶음 재료에 따라 팬의 종류를 선택할 수 있는 능력			
	재료의 성분과 특성에 따라 필요량에 맞게 계량할 수 있는 능력			
재료 전처리	조리 특성에 맞게 재료를 전처리하여 수행할 수 있는 능력			
양념장 제조	양념장 재료특성에 맞게 혼합, 조절하는 능력			
	숙성온도와 시간을 조절하는 능력			
재료준비와 양념장 사용	조리 종류에 따라 도구를 선택하여 양념장을 조절하여 볶을 수 있는 능력			
	재료 특성에 맞게 양념장의 비율, 첨가 시점을 조절할 수 있는 능력			
화력 조절	조리 종류, 국물의 양에 따라 화력을 조절하여 익힐 수 있는 능력			
그릇 선택 및 완성	조리 종류와 색, 형태 등을 고려하여 그릇을 선택하는 능력			
	그릇과의 조화를 고려하여 담는 능력			
고명 얹기	고명의 종류에 따라 얹어 내는 능력			

작업장 평가

학습내용	평가 항목	성취수준		
		상	중	하
도구와 재료 준비 및 계량	도구의 종류와 용도, 사용법에 따라 선택하는 방법			
	재료를 선별하여 계량하는 방법			
재료 전처리	조리특성에 맞게 썰거나 전처리를 수행하는 방법			
양념장 제조	양념장 재료를 용도에 맞게 활용하는 방법			
	양념장 종류별로 숙성하는 방법			
재료준비와 양념장 사용	재료 특성에 따라 양념장을 선택하여 볶을 수 있는 방법			
	재료에 따라 양념장의 첨가 시점을 조절할 수 있는 방법			
화력 조절	재료 종류에 따라 화력을 조절하여 익힐 수 있는 방법			
그릇 선택 및 완성	조리 종류에 따라 국물 등을 고려하여 그릇을 선택하는 방법			
	조리에 맞는 식기를 선택하여 담아내는 방법			
고명 얹기	볶음 조리 특성에 따라 고명을 얹어내는 방법			

학습자 완성품 사진

굴볶음

재료

- 굴 300g
- 마늘 30g
- 대파 100g
- 청양고추 2개
- 마른 홍고추 1개
- 식용유 1큰술
- 소금 약간

양념

- 미림 3큰술
- 참깨 2작은술
- 참기름 1작은술
- 후춧가루 1/6작은술
- 소금 1/3작은술

만드는 법

재료 확인하기

1 굴, 마늘, 청양고추, 홍고추, 양념 등을 확인하기

사용할 도구 선택하기

2 팬, 도마, 칼, 가위, 주걱, 국자 등 준비하기

재료 계량하기

3 각각의 재료분량을 컵과 저울 등으로 계량하기

재료 준비하기

4 굴은 소금물에 흔들어 씻어 물기를 제거한다.
5 마늘은 편으로 썬다.
6 대파는 길이로 4등분 하여 송송 썬다.
7 고추는 씨를 제거하고 4등분 하여 송송 썬다.

조리하기

8 팬에 식용유를 두르고 마늘, 대파를 볶고 고추를 볶은 다음 굴과 양념을 넣어 볶는다.

담아 완성하기

9 굴볶음 담을 그릇을 선택한다.
10 그릇에 굴볶음을 보기 좋게 담는다.

평가자 체크리스트

학습내용	평가 항목	성취수준		
		상	중	하
도구와 재료 준비 및 계량	도구의 용도, 사용법에 따라 선택하는 방법			
	적합한 재료를 계량하는 방법			
재료 전처리	재료 특성에 맞게 전처리를 수행하는 방법			
양념장 제조	양념 재료의 비율을 조절하여 수행하는 방법			
	필요에 따라 양념장을 숙성하여 수행하는 방법			
재료준비와 양념장 사용	재료에 따라 양념장에 조리거나 기름에 볶을 수 있는 방법			
	재료에 따라 양념장의 비율을 조절할 수 있는 방법			
화력 조절	재료가 눌어붙거나 모양이 흐트러지지 않게 화력을 조절하여 익힐 수 있는 방법			
그릇 선택 및 완성	조리 종류와 인원수, 분량 등을 고려하여 그릇을 선택하는 방법			
	조리 종류에 따라 그릇을 선택하여 담아내는 방법			
고명 얹기	볶음 조리에 따라 고명을 얹어내는 방법			

포트폴리오

학습내용	평가 항목	성취수준		
		상	중	하
도구와 재료 준비 및 계량	볶음 재료에 따라 팬의 종류를 선택할 수 있는 능력			
	재료의 성분과 특성에 따라 필요량에 맞게 계량할 수 있는 능력			
재료 전처리	조리 특성에 맞게 재료를 전처리하여 수행할 수 있는 능력			
양념장 제조	양념장 재료특성에 맞게 혼합, 조절하는 능력			
	숙성온도와 시간을 조절하는 능력			
재료준비와 양념장 사용	조리 종류에 따라 도구를 선택하여 양념장을 조절하여 볶을 수 있는 능력			
	재료 특성에 맞게 양념장의 비율, 첨가 시점을 조절할 수 있는 능력			
화력 조절	조리 종류, 국물의 양에 따라 화력을 조절하여 익힐 수 있는 능력			
그릇 선택 및 완성	조리 종류와 색, 형태 등을 고려하여 그릇을 선택하는 능력			
	그릇과의 조화를 고려하여 담는 능력			
고명 얹기	고명의 종류에 따라 얹어 내는 능력			

작업장 평가

학습내용	평가 항목	성취수준		
		상	중	하
도구와 재료 준비 및 계량	도구의 종류와 용도, 사용법에 따라 선택하는 방법			
	재료를 선별하여 계량하는 방법			
재료 전처리	조리특성에 맞게 썰거나 전처리를 수행하는 방법			
양념장 제조	양념장 재료를 용도에 맞게 활용하는 방법			
	양념장 종류별로 숙성하는 방법			
재료준비와 양념장 사용	재료 특성에 따라 양념장을 선택하여 볶을 수 있는 방법			
	재료에 따라 양념장의 첨가 시점을 조절할 수 있는 방법			
화력 조절	재료 종류에 따라 화력을 조절하여 익힐 수 있는 방법			
그릇 선택 및 완성	조리 종류에 따라 국물 등을 고려하여 그릇을 선택하는 방법			
	조리에 맞는 식기를 선택하여 담아내는 방법			
고명 얹기	볶음 조리 특성에 따라 고명을 얹어내는 방법			

학습자 완성품 사진

북어포볶음

재료

- 북어포 60g
- 꽈리고추 50g
- 식용유 2큰술
- 소금 1큰술
- 물 2컵

양념

- 고춧가루 2큰술
- 고추장 1큰술
- 다진 대파 1큰술
- 다진 마늘 1/2큰술
- 참기름 2작은술
- 참깨 1작은술
- 후춧가루 1/6작은술
- 물엿 3큰술
- 설탕 2작은술

만드는 법

재료 확인하기

1 북어포, 꽈리고추, 양념 등을 확인하기

사용할 도구 선택하기

2 팬, 도마, 칼, 가위, 주걱, 국자 등 준비하기

재료 계량하기

3 각각의 재료분량을 컵과 저울 등으로 계량하기

재료 준비하기

4 북어포는 물에 불려 물기를 제거하고 한입 크기로 손질한다.

5 꽈리고추는 반으로 자른다.

6 양념재료를 섞어 북어포에 버무린다.

조리하기

7 끓는 소금물에 꽈리고추를 데쳐서 찬물에 헹군다.

8 팬에 식용유를 두르고 중불에서 꽈리고추를 볶고 양념된 북어포를 넣어 함께 볶는다.

담아 완성하기

9 북어포볶음 담을 그릇을 선택한다.

10 그릇에 북어포볶음을 보기 좋게 담는다.

평가자 체크리스트

학습내용	평가 항목	성취수준		
		상	중	하
도구와 재료 준비 및 계량	도구의 용도, 사용법에 따라 선택하는 방법			
	적합한 재료를 계량하는 방법			
재료 전처리	재료 특성에 맞게 전처리를 수행하는 방법			
양념장 제조	양념 재료의 비율을 조절하여 수행하는 방법			
	필요에 따라 양념장을 숙성하여 수행하는 방법			
재료준비와 양념장 사용	재료에 따라 양념장에 조리거나 기름에 볶을 수 있는 방법			
	재료에 따라 양념장의 비율을 조절할 수 있는 방법			
화력 조절	재료가 눌어붙거나 모양이 흐트러지지 않게 화력을 조절하여 익힐 수 있는 방법			
그릇 선택 및 완성	조리 종류와 인원수, 분량 등을 고려하여 그릇을 선택하는 방법			
	조리 종류에 따라 그릇을 선택하여 담아내는 방법			
고명 얹기	볶음 조리에 따라 고명을 얹어내는 방법			

포트폴리오

학습내용	평가 항목	성취수준		
		상	중	하
도구와 재료 준비 및 계량	볶음 재료에 따라 팬의 종류를 선택할 수 있는 능력			
	재료의 성분과 특성에 따라 필요량에 맞게 계량할 수 있는 능력			
재료 전처리	조리 특성에 맞게 재료를 전처리하여 수행할 수 있는 능력			
양념장 제조	양념장 재료특성에 맞게 혼합, 조절하는 능력			
	숙성온도와 시간을 조절하는 능력			
재료준비와 양념장 사용	조리 종류에 따라 도구를 선택하여 양념장을 조절하여 볶을 수 있는 능력			
	재료 특성에 맞게 양념장의 비율, 첨가 시점을 조절할 수 있는 능력			
화력 조절	조리 종류, 국물의 양에 따라 화력을 조절하여 익힐 수 있는 능력			
그릇 선택 및 완성	조리 종류와 색, 형태 등을 고려하여 그릇을 선택하는 능력			
	그릇과의 조화를 고려하여 담는 능력			
고명 얹기	고명의 종류에 따라 얹어 내는 능력			

작업장 평가

학습내용	평가 항목	성취수준		
		상	중	하
도구와 재료 준비 및 계량	도구의 종류와 용도, 사용법에 따라 선택하는 방법			
	재료를 선별하여 계량하는 방법			
재료 전처리	조리특성에 맞게 썰거나 전처리를 수행하는 방법			
양념장 제조	양념장 재료를 용도에 맞게 활용하는 방법			
	양념장 종류별로 숙성하는 방법			
재료준비와 양념장 사용	재료 특성에 따라 양념장을 선택하여 볶을 수 있는 방법			
	재료에 따라 양념장의 첨가 시점을 조절할 수 있는 방법			
화력 조절	재료 종류에 따라 화력을 조절하여 익힐 수 있는 방법			
그릇 선택 및 완성	조리 종류에 따라 국물 등을 고려하여 그릇을 선택하는 방법			
	조리에 맞는 식기를 선택하여 담아내는 방법			
고명 얹기	볶음 조리 특성에 따라 고명을 얹어내는 방법			

학습자 완성품 사진

수험자 유의사항

1) 만드는 순서에 유의하며, 위생과 숙련된 기능평가를 위하여 조리작업 시 맛을 보지 않습니다.
2) 지정된 수험자 지참준비물 이외의 조리기구나 재료를 시험장 내에 지참할 수 없습니다.
3) 지급재료는 시험 전 확인하여 이상이 있을 경우 시험위원으로부터 조치를 받고 시험 중에는 재료의 교환 및 추가지급은 하지 않습니다.
4) 요구사항 및 지급재료의 규격은 "정도"의 의미를 포함하며, 재료의 크기에 따라 가감하여 채점됩니다.
5) 위생복, 위생모, 앞치마, 마스크를 착용하여야 하며, 시험장비 · 조리기구 취급 등 안전에 유의합니다.
6) 다음 사항은 실격에 해당하여 채점 대상에서 제외됩니다.
   가) 수험자 본인이 시험 도중 시험에 대한 포기 의사를 표현하는 경우
   나) 위생복, 위생모, 앞치마, 마스크를 착용하지 않은 경우
   다) 시험시간 내에 과제 두 가지를 제출하지 못한 경우
   라) 문제의 요구사항대로 과제의 수량이 만들어지지 않은 경우
   마) 구이를 조림 등으로 조리하여 완성품을 요구사항과 다르게 만든 경우
   바) 불을 사용하여 만든 조리작품이 작품특성에 벗어나는 정도로 타거나 익지 않은 경우
   사) 해당 과제의 지급재료 이외 재료를 사용하거나 석쇠 등 요구사항의 조리기구를 사용하지 않은 경우
   아) 지정된 수험자 지참준비물 이외의 조리기구를 조리에 사용한 경우
   자) 가스레인지 화구 2개 이상(2개 포함) 사용한 경우
   차) 시험 중 시설 · 장비(칼, 가스레인지 등) 사용 시 시험위원 및 타 수험자의 시험 진행에 위해를 일으킬 것으로 시험위원 전원이 합의하여 판단한 경우
   카) 요구사항에 표시된 실격 및 부정행위에 해당하는 경우
7) 항목별 배점은 위생상태 및 안전관리 5점, 조리기술 30점, 작품의 평가 15점입니다.
8) 시험시작 전 가벼운 몸 풀기(스트레칭) 동작으로 긴장을 풀고 시험을 시작합니다.

한식조리기능사

실기 품목

요구사항

※ 주어진 재료를 사용하여 다음과 같이 오징어볶음을 만드시오.

가. 오징어는 0.3cm 폭으로 어슷하게 칼집을 넣고, 크기는 4cm×1.5cm로 써시오.
(단, 오징어 다리는 4cm 길이로 자른다.)

나. 고추, 파는 어슷썰기, 양파는 폭 1cm로 써시오.

오징어볶음

재료

- 물오징어 1마리
- 소금 5g
- 진간장 10ml
- 설탕 20g
- 참기름 10ml
- 깨소금 5g
- 풋고추 1개
- 붉은 고추 1개
- 양파 50g
- 대파 20g
- 생강 5g
- 고춧가루 15g
- 고추장 50g
- 후춧가루 2g
- 식용유 30ml

만드는 법

재료 확인하기

1 물오징어, 소금, 진간장, 설탕, 참기름, 깨소금, 풋고추, 붉은 고추 등 확인하기

사용할 도구 선택하기

2 냄비, 프라이팬, 나무젓가락 등을 선택하여 준비한다.

재료 계량하기

3 각각의 재료 분량을 컵과 계량스푼, 저울로 계량하기

재료 준비하기

4 오징어는 반으로 갈라서 내장을 제거하고 껍질을 벗긴다.
5 오징어 안쪽에 대각선으로 0.3cm 폭으로 칼집을 넣어 4cm×1.5cm 크기로 썬다. 다리는 4cm 길이로 자른다.
6 양파는 1cm 두께로 채 썬다.
7 붉은 고추, 풋고추는 0.8cm 두께로 어슷썰기하여 씨를 뺀다.
8 대파는 0.8cm 두께로 어슷썰기를 한다.

양념장 만들기

9 고추장 2큰술, 고춧가루 1큰술, 설탕 $1\frac{1}{2}$큰술, 간장 1작은술, 다진 마늘 2작은술, 생강즙 1작은술, 깨소금 1작은술, 참기름 1작은술, 후춧가루 약간을 섞어 양념을 만든다.

조리하기

10 달구어진 팬에 식용유를 두르고 양파, 붉은 고추, 풋고추, 대파를 넣어 볶는다. 오징어와 양념장을 넣어 볶는다.

담아 완성하기

11 오징어볶음 담을 그릇을 선택한다.
12 오징어볶음을 담아낸다.

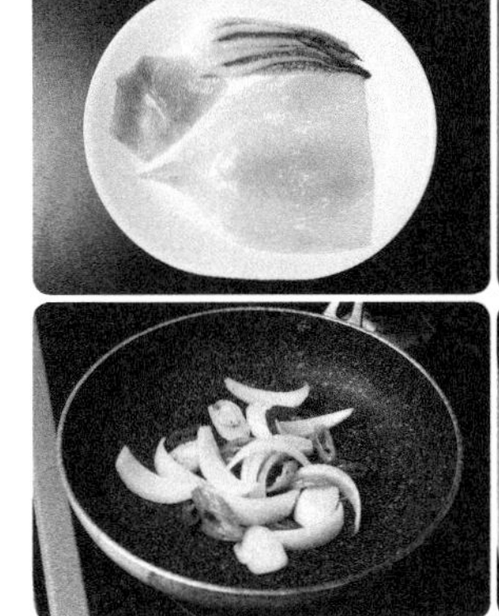

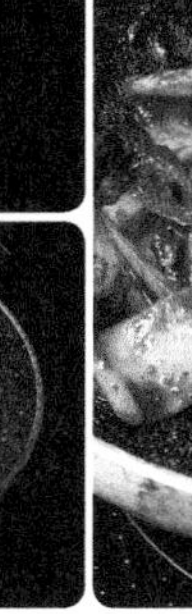

평가자 체크리스트

학습내용	평가 항목	성취수준		
		상	중	하
도구와 재료 준비 및 계량	도구의 용도, 사용법에 따라 선택하는 방법			
	적합한 재료를 계량하는 방법			
재료 전처리	재료 특성에 맞게 전처리를 수행하는 방법			
양념장 제조	양념 재료의 비율을 조절하여 수행하는 방법			
	필요에 따라 양념장을 숙성하여 수행하는 방법			
재료준비와 양념장 사용	재료에 따라 양념장에 조리거나 기름에 볶을 수 있는 방법			
	재료에 따라 양념장의 비율을 조절할 수 있는 방법			
화력 조절	재료가 눌어붙거나 모양이 흐트러지지 않게 화력을 조절하여 익힐 수 있는 방법			
그릇 선택 및 완성	조리 종류와 인원수, 분량 등을 고려하여 그릇을 선택하는 방법			
	조리 종류에 따라 그릇을 선택하여 담아내는 방법			
고명 얹기	볶음 조리에 따라 고명을 얹어내는 방법			

포트폴리오

학습내용	평가 항목	성취수준		
		상	중	하
도구와 재료 준비 및 계량	볶음 재료에 따라 팬의 종류를 선택할 수 있는 능력			
	재료의 성분과 특성에 따라 필요량에 맞게 계량할 수 있는 능력			
재료 전처리	조리 특성에 맞게 재료를 전처리하여 수행할 수 있는 능력			
양념장 제조	양념장 재료특성에 맞게 혼합, 조절하는 능력			
	숙성온도와 시간을 조절하는 능력			
재료준비와 양념장 사용	조리 종류에 따라 도구를 선택하여 양념장을 조절하여 볶을 수 있는 능력			
	재료 특성에 맞게 양념장의 비율, 첨가 시점을 조절할 수 있는 능력			
화력 조절	조리 종류, 국물의 양에 따라 화력을 조절하여 익힐 수 있는 능력			
그릇 선택 및 완성	조리 종류와 색, 형태 등을 고려하여 그릇을 선택하는 능력			
	그릇과의 조화를 고려하여 담는 능력			
고명 얹기	고명의 종류에 따라 얹어 내는 능력			

작업장 평가

학습내용	평가 항목	성취수준		
		상	중	하
도구와 재료 준비 및 계량	도구의 종류와 용도, 사용법에 따라 선택하는 방법			
	재료를 선별하여 계량하는 방법			
재료 전처리	조리특성에 맞게 썰거나 전처리를 수행하는 방법			
양념장 제조	양념장 재료를 용도에 맞게 활용하는 방법			
	양념장 종류별로 숙성하는 방법			
재료준비와 양념장 사용	재료 특성에 따라 양념장을 선택하여 볶을 수 있는 방법			
	재료에 따라 양념장의 첨가 시점을 조절할 수 있는 방법			
화력 조절	재료 종류에 따라 화력을 조절하여 익힐 수 있는 방법			
그릇 선택 및 완성	조리 종류에 따라 국물 등을 고려하여 그릇을 선택하는 방법			
	조리에 맞는 식기를 선택하여 담아내는 방법			
고명 얹기	볶음 조리 특성에 따라 고명을 얹어내는 방법			

학습자 완성품 사진

_____ 주차

일일 개인위생 점검표(입실준비)

점검일 : 년 월 일 이름 :

점검 항목	착용 및 실시 여부	점검결과		
		양호	보통	미흡
조리모				
두발의 형태에 따른 손질(머리망 등)				
조리복 상의				
조리복 바지				
앞치마				
스카프				
안전화				
손톱의 길이 및 매니큐어 여부				
반지, 시계, 팔찌 등				
짙은 화장				
향수				
손 씻기				
상처유무 및 적절한 조치				
흰색 행주 지참				
사이드 타월				
개인용 조리도구				

일일 위생 점검표(퇴실준비)

점검일 : 년 월 일 이름 :

점검 항목	착용 및 실시 여부	점검결과		
		양호	보통	미흡
그릇, 기물 세척 및 정리정돈				
기계, 도구, 장비 세척 및 정리정돈				
작업대 청소 및 물기 제거				
가스레인지 또는 인덕션 청소				
양념통 정리				
남은 재료 정리정돈				
음식 쓰레기 처리				
개수대 청소				
수도 주변 및 세제 관리				
바닥 청소				
청소도구 정리정돈				
전기 및 Gas 체크				

_____ 주차

일일 개인위생 점검표(입실준비)

점검일 : 년 월 일 이름 :

점검 항목	착용 및 실시 여부	점검결과		
		양호	보통	미흡
조리모				
두발의 형태에 따른 손질(머리망 등)				
조리복 상의				
조리복 바지				
앞치마				
스카프				
안전화				
손톱의 길이 및 매니큐어 여부				
반지, 시계, 팔찌 등				
짙은 화장				
향수				
손 씻기				
상처유무 및 적절한 조치				
흰색 행주 지참				
사이드 타월				
개인용 조리도구				

일일 위생 점검표(퇴실준비)

점검일 : 년 월 일 이름 :

점검 항목	착용 및 실시 여부	점검결과		
		양호	보통	미흡
그릇, 기물 세척 및 정리정돈				
기계, 도구, 장비 세척 및 정리정돈				
작업대 청소 및 물기 제거				
가스레인지 또는 인덕션 청소				
양념통 정리				
남은 재료 정리정돈				
음식 쓰레기 처리				
개수대 청소				
수도 주변 및 세제 관리				
바닥 청소				
청소도구 정리정돈				
전기 및 Gas 체크				

_____ 주차

일일 개인위생 점검표(입실준비)

점검일 : 년 월 일 이름 :				
점검 항목	착용 및 실시 여부	점검결과		
		양호	보통	미흡
조리모				
두발의 형태에 따른 손질(머리망 등)				
조리복 상의				
조리복 바지				
앞치마				
스카프				
안전화				
손톱의 길이 및 매니큐어 여부				
반지, 시계, 팔찌 등				
짙은 화장				
향수				
손 씻기				
상처유무 및 적절한 조치				
흰색 행주 지참				
사이드 타월				
개인용 조리도구				

일일 위생 점검표(퇴실준비)

점검일 : 년 월 일 이름 :				
점검 항목	착용 및 실시 여부	점검결과		
		양호	보통	미흡
그릇, 기물 세척 및 정리정돈				
기계, 도구, 장비 세척 및 정리정돈				
작업대 청소 및 물기 제거				
가스레인지 또는 인덕션 청소				
양념통 정리				
남은 재료 정리정돈				
음식 쓰레기 처리				
개수대 청소				
수도 주변 및 세제 관리				
바닥 청소				
청소도구 정리정돈				
전기 및 Gas 체크				

_____ 주차

일일 개인위생 점검표(입실준비)

점검일 : 년 월 일 이름 :

점검 항목	착용 및 실시 여부	점검결과		
		양호	보통	미흡
조리모				
두발의 형태에 따른 손질(머리망 등)				
조리복 상의				
조리복 바지				
앞치마				
스카프				
안전화				
손톱의 길이 및 매니큐어 여부				
반지, 시계, 팔찌 등				
짙은 화장				
향수				
손 씻기				
상처유무 및 적절한 조치				
흰색 행주 지참				
사이드 타월				
개인용 조리도구				

일일 위생 점검표(퇴실준비)

점검일 : 년 월 일 이름 :

점검 항목	착용 및 실시 여부	점검결과		
		양호	보통	미흡
그릇, 기물 세척 및 정리정돈				
기계, 도구, 장비 세척 및 정리정돈				
작업대 청소 및 물기 제거				
가스레인지 또는 인덕션 청소				
양념통 정리				
남은 재료 정리정돈				
음식 쓰레기 처리				
개수대 청소				
수도 주변 및 세제 관리				
바닥 청소				
청소도구 정리정돈				
전기 및 Gas 체크				

일일 개인위생 점검표(입실준비)

점검일 :　　년　　월　　일　　　이름 :

점검 항목	착용 및 실시 여부	점검결과		
		양호	보통	미흡
조리모				
두발의 형태에 따른 손질(머리망 등)				
조리복 상의				
조리복 바지				
앞치마				
스카프				
안전화				
손톱의 길이 및 매니큐어 여부				
반지, 시계, 팔찌 등				
짙은 화장				
향수				
손 씻기				
상처유무 및 적절한 조치				
흰색 행주 지참				
사이드 타월				
개인용 조리도구				

일일 위생 점검표(퇴실준비)

점검일 :　　년　　월　　일　　　이름 :

점검 항목	착용 및 실시 여부	점검결과		
		양호	보통	미흡
그릇, 기물 세척 및 정리정돈				
기계, 도구, 장비 세척 및 정리정돈				
작업대 청소 및 물기 제거				
가스레인지 또는 인덕션 청소				
양념통 정리				
남은 재료 정리정돈				
음식 쓰레기 처리				
개수대 청소				
수도 주변 및 세제 관리				
바닥 청소				
청소도구 정리정돈				
전기 및 Gas 체크				

일일 개인위생 점검표(입실준비)

점검일 :　　년　월　일　　이름 :

점검 항목	착용 및 실시 여부	점검결과		
		양호	보통	미흡
조리모				
두발의 형태에 따른 손질(머리망 등)				
조리복 상의				
조리복 바지				
앞치마				
스카프				
안전화				
손톱의 길이 및 매니큐어 여부				
반지, 시계, 팔찌 등				
짙은 화장				
향수				
손 씻기				
상처유무 및 적절한 조치				
흰색 행주 지참				
사이드 타월				
개인용 조리도구				

일일 위생 점검표(퇴실준비)

점검일 :　　년　월　일　　이름 :

점검 항목	착용 및 실시 여부	점검결과		
		양호	보통	미흡
그릇, 기물 세척 및 정리정돈				
기계, 도구, 장비 세척 및 정리정돈				
작업대 청소 및 물기 제거				
가스레인지 또는 인덕션 청소				
양념통 정리				
남은 재료 정리정돈				
음식 쓰레기 처리				
개수대 청소				
수도 주변 및 세제 관리				
바닥 청소				
청소도구 정리정돈				
전기 및 Gas 체크				

일일 개인위생 점검표(입실준비)

점검일 : 년 월 일 이름 :

점검 항목	착용 및 실시 여부	점검결과		
		양호	보통	미흡
조리모				
두발의 형태에 따른 손질(머리망 등)				
조리복 상의				
조리복 바지				
앞치마				
스카프				
안전화				
손톱의 길이 및 매니큐어 여부				
반지, 시계, 팔찌 등				
짙은 화장				
향수				
손 씻기				
상처유무 및 적절한 조치				
흰색 행주 지참				
사이드 타월				
개인용 조리도구				

일일 위생 점검표(퇴실준비)

점검일 : 년 월 일 이름 :

점검 항목	착용 및 실시 여부	점검결과		
		양호	보통	미흡
그릇, 기물 세척 및 정리정돈				
기계, 도구, 장비 세척 및 정리정돈				
작업대 청소 및 물기 제거				
가스레인지 또는 인덕션 청소				
양념통 정리				
남은 재료 정리정돈				
음식 쓰레기 처리				
개수대 청소				
수도 주변 및 세제 관리				
바닥 청소				
청소도구 정리정돈				
전기 및 Gas 체크				

일일 개인위생 점검표(입실준비)

점검일 : 년 월 일 이름 :

점검 항목	착용 및 실시 여부	점검결과		
		양호	보통	미흡
조리모				
두발의 형태에 따른 손질(머리망 등)				
조리복 상의				
조리복 바지				
앞치마				
스카프				
안전화				
손톱의 길이 및 매니큐어 여부				
반지, 시계, 팔찌 등				
짙은 화장				
향수				
손 씻기				
상처유무 및 적절한 조치				
흰색 행주 지참				
사이드 타월				
개인용 조리도구				

일일 위생 점검표(퇴실준비)

점검일 : 년 월 일 이름 :

점검 항목	착용 및 실시 여부	점검결과		
		양호	보통	미흡
그릇, 기물 세척 및 정리정돈				
기계, 도구, 장비 세척 및 정리정돈				
작업대 청소 및 물기 제거				
가스레인지 또는 인덕션 청소				
양념통 정리				
남은 재료 정리정돈				
음식 쓰레기 처리				
개수대 청소				
수도 주변 및 세제 관리				
바닥 청소				
청소도구 정리정돈				
전기 및 Gas 체크				

일일 개인위생 점검표(입실준비)

점검일 : 년 월 일 이름 :

점검 항목	착용 및 실시 여부	점검결과		
		양호	보통	미흡
조리모				
두발의 형태에 따른 손질(머리망 등)				
조리복 상의				
조리복 바지				
앞치마				
스카프				
안전화				
손톱의 길이 및 매니큐어 여부				
반지, 시계, 팔찌 등				
짙은 화장				
향수				
손 씻기				
상처유무 및 적절한 조치				
흰색 행주 지참				
사이드 타월				
개인용 조리도구				

일일 위생 점검표(퇴실준비)

점검일 : 년 월 일 이름 :

점검 항목	착용 및 실시 여부	점검결과		
		양호	보통	미흡
그릇, 기물 세척 및 정리정돈				
기계, 도구, 장비 세척 및 정리정돈				
작업대 청소 및 물기 제거				
가스레인지 또는 인덕션 청소				
양념통 정리				
남은 재료 정리정돈				
음식 쓰레기 처리				
개수대 청소				
수도 주변 및 세제 관리				
바닥 청소				
청소도구 정리정돈				
전기 및 Gas 체크				

_____ 주차

일일 개인위생 점검표(입실준비)

점검일 :　　년　월　일　　이름 :

점검 항목	착용 및 실시 여부	점검결과		
		양호	보통	미흡
조리모				
두발의 형태에 따른 손질(머리망 등)				
조리복 상의				
조리복 바지				
앞치마				
스카프				
안전화				
손톱의 길이 및 매니큐어 여부				
반지, 시계, 팔찌 등				
짙은 화장				
향수				
손 씻기				
상처유무 및 적절한 조치				
흰색 행주 지참				
사이드 타월				
개인용 조리도구				

일일 위생 점검표(퇴실준비)

점검일 :　　년　월　일　　이름 :

점검 항목	착용 및 실시 여부	점검결과		
		양호	보통	미흡
그릇, 기물 세척 및 정리정돈				
기계, 도구, 장비 세척 및 정리정돈				
작업대 청소 및 물기 제거				
가스레인지 또는 인덕션 청소				
양념통 정리				
남은 재료 정리정돈				
음식 쓰레기 처리				
개수대 청소				
수도 주변 및 세제 관리				
바닥 청소				
청소도구 정리정돈				
전기 및 Gas 체크				

_____ 주차

일일 개인위생 점검표(입실준비)

점검일 :　　년　　월　　일　　이름 :

점검 항목	착용 및 실시 여부	점검결과		
		양호	보통	미흡
조리모				
두발의 형태에 따른 손질(머리망 등)				
조리복 상의				
조리복 바지				
앞치마				
스카프				
안전화				
손톱의 길이 및 매니큐어 여부				
반지, 시계, 팔찌 등				
짙은 화장				
향수				
손 씻기				
상처유무 및 적절한 조치				
흰색 행주 지참				
사이드 타월				
개인용 조리도구				

일일 위생 점검표(퇴실준비)

점검일 :　　년　　월　　일　　이름 :

점검 항목	착용 및 실시 여부	점검결과		
		양호	보통	미흡
그릇, 기물 세척 및 정리정돈				
기계, 도구, 장비 세척 및 정리정돈				
작업대 청소 및 물기 제거				
가스레인지 또는 인덕션 청소				
양념통 정리				
남은 재료 정리정돈				
음식 쓰레기 처리				
개수대 청소				
수도 주변 및 세제 관리				
바닥 청소				
청소도구 정리정돈				
전기 및 Gas 체크				

_____ 주차

일일 개인위생 점검표(입실준비)

점검일 : 년 월 일 이름 :				
점검 항목	착용 및 실시 여부	점검결과		
		양호	보통	미흡
조리모				
두발의 형태에 따른 손질(머리망 등)				
조리복 상의				
조리복 바지				
앞치마				
스카프				
안전화				
손톱의 길이 및 매니큐어 여부				
반지, 시계, 팔찌 등				
짙은 화장				
향수				
손 씻기				
상처유무 및 적절한 조치				
흰색 행주 지참				
사이드 타월				
개인용 조리도구				

일일 위생 점검표(퇴실준비)

점검일 : 년 월 일 이름 :				
점검 항목	착용 및 실시 여부	점검결과		
		양호	보통	미흡
그릇, 기물 세척 및 정리정돈				
기계, 도구, 장비 세척 및 정리정돈				
작업대 청소 및 물기 제거				
가스레인지 또는 인덕션 청소				
양념통 정리				
남은 재료 정리정돈				
음식 쓰레기 처리				
개수대 청소				
수도 주변 및 세제 관리				
바닥 청소				
청소도구 정리정돈				
전기 및 Gas 체크				

_____ 주차

일일 개인위생 점검표(입실준비)

점검일 : 년 월 일 이름 :

점검 항목	착용 및 실시 여부	점검결과		
		양호	보통	미흡
조리모				
두발의 형태에 따른 손질(머리망 등)				
조리복 상의				
조리복 바지				
앞치마				
스카프				
안전화				
손톱의 길이 및 매니큐어 여부				
반지, 시계, 팔찌 등				
짙은 화장				
향수				
손 씻기				
상처유무 및 적절한 조치				
흰색 행주 지참				
사이드 타월				
개인용 조리도구				

일일 위생 점검표(퇴실준비)

점검일 : 년 월 일 이름 :

점검 항목	착용 및 실시 여부	점검결과		
		양호	보통	미흡
그릇, 기물 세척 및 정리정돈				
기계, 도구, 장비 세척 및 정리정돈				
작업대 청소 및 물기 제거				
가스레인지 또는 인덕션 청소				
양념통 정리				
남은 재료 정리정돈				
음식 쓰레기 처리				
개수대 청소				
수도 주변 및 세제 관리				
바닥 청소				
청소도구 정리정돈				
전기 및 Gas 체크				

_____ 주차

일일 개인위생 점검표(입실준비)

점검일 :　　년　월　일　　이름 :

점검 항목	착용 및 실시 여부	점검결과		
		양호	보통	미흡
조리모				
두발의 형태에 따른 손질(머리망 등)				
조리복 상의				
조리복 바지				
앞치마				
스카프				
안전화				
손톱의 길이 및 매니큐어 여부				
반지, 시계, 팔찌 등				
짙은 화장				
향수				
손 씻기				
상처유무 및 적절한 조치				
흰색 행주 지참				
사이드 타월				
개인용 조리도구				

일일 위생 점검표(퇴실준비)

점검일 :　　년　월　일　　이름 :

점검 항목	착용 및 실시 여부	점검결과		
		양호	보통	미흡
그릇, 기물 세척 및 정리정돈				
기계, 도구, 장비 세척 및 정리정돈				
작업대 청소 및 물기 제거				
가스레인지 또는 인덕션 청소				
양념통 정리				
남은 재료 정리정돈				
음식 쓰레기 처리				
개수대 청소				
수도 주변 및 세제 관리				
바닥 청소				
청소도구 정리정돈				
전기 및 Gas 체크				

저자 소개

한혜영

현) 충북도립대학교 조리제빵과 교수
어린이급식관리지원센터 센터장

- 세종대학교 조리외식경영학전공 조리학 박사
- 숙명여자대학교 전통식생활문화전공 석사
- 조리기능장
- Le Cordon bleu (France, Australia) 연수
- The Culinary Institute of America 연수
- Cursos de cocina espanola en sevilla (Spain) 연수
- Italian Culinary Institute For Foreigner 연수
- 롯데호텔 서울
- 인터컨티넨탈 호텔 서울
- 떡제조기능사, 조리산업기사, 조리기능장 출제위원 및 심사위원
- 한국외식산업학회 이사
- 농림축산식품부장관상, 식약처장상, 해양수산부장관상, 산림청장상
- 대전지방식품의약품안전청장상, 충북도지사상
- KBS 비타민, 위기탈출넘버원
- 한혜영 교수의 재미있고 맛있는 음식이야기 CJB 라디오 청주방송
- SBS 모닝와이드
- MBC 생방송오늘아침 등
- 파리, 대만, 홍콩, 알제리, 카타르, 싱가포르, 상해, 터키, 리옹, 라스베이거스, 요르단, 쿠웨이트, 터키, 말레이시아, 미국, 오만, 에콰도르, 파나마, 카타르, 몽골, 체코, 브라질, 네덜란드, 호주, 일본 등 대사관 초청 한국음식 강의 및 홍보행사
- 순창, 임실, 옥천, 밀양, 화천, 봉화, 진천, 태백, 경주, 서산, 충주, 양양, 웅진, 성주, 이천 등 메뉴개발 및 강의

저서

- 한혜영의 한국음식, 효일출판사, 2013
- NCS 자격검정을 위한 한식조리 12권, 백산출판사, 2016
- NCS 자격검정을 위한 한식기초조리실무, 백산출판사, 2017
- NCS 자격검정을 위한 알기쉬운 한식조리, 백산출판사, 2017
- NCS 한식조리실무, 백산출판사, 2017
- 조리사가 꼭 알아야 할 단체급식, 백산출판사, 2018
- 양식조리 NCS학습모듈 공동 집필 8권, 한국직업능력개발원, 2018
- 동남아요리, 백산출판사, 2019
- 떡제조기능사, 비앤씨월드, 2020
- 푸드스타일링 실습, 충북도립대학교, 2020

김업식

현) 연성대학교 호텔외식조리과 호텔조리전공 교수

- 경희대학교 대학원 식품학 박사
- (주)웨스틴조선호텔 한식당 셔블 Chef
- 베트남 대우호텔 페스티벌 주관
- 일본 동경 웨스틴 호텔 한국음식 페스티벌 주관
- 서울국제요리대회 심사위원
- 용수산, 강강술래, 썬앳푸드 자문위원
- 메리어트호텔, 해비치호텔 자문위원
- 한국산업인력공단 감독위원
- 네바다주립대(U.N.L.V) 조리연수
- C.I.A. 조리연수, COPIA 와인연수

저서

- 21세기 한국음식, 효일출판사, 2012
- 주방시설관리론, 효일출판사, 2010
- 전통혼례음식, 광문각, 2007

박선옥

현) 충북도립대학교 조리제빵과 겸임교수
인천재능대학교 호텔외식조리과 겸임교수

전) 우송정보대학 외식조리과 외래교수
세종대학교 외식경영학과 외래교수

- 조리기능장
- 한국소울푸드연구소 대표
- 세종대학교 조리외식경영학과 박사과정
- 주 그리스 대한민국대사관 조리사
- 아름다운 우리 떡 은상 (한국관광공사)

신은채

현) 동원과학기술대학교 호텔외식조리과 교수
양산시 시설관리공단 〈숲애서〉 자문위원장

- 한식조리기능사, 조리산업기사 감독위원
- 세종대학교 식품영양학과 이학사
- 서울대학교 보건대학원 보건학 석사
- 동아대학교 식품영양학과 이학박사
- 한식세계화 한식전문조리인력양성과정장
- 채널A 먹거리 X파일 착한식당 검증단

저자와의
합의하에
인지첩부
생략

한식조리 볶음

2022년 3월 20일 초판 1쇄 인쇄
2022년 3월 25일 초판 1쇄 발행

지은이 한혜영 · 김업식 · 박선옥 · 신은채
펴낸이 진욱상
펴낸곳 (주)백산출판사
교 정 박시내
본문디자인 신화정
표지디자인 오정은

등 록 2017년 5월 29일 제406-2017-000058호
주 소 경기도 파주시 회동길 370(백산빌딩 3층)
전 화 02-914-1621(代)
팩 스 031-955-9911
이메일 edit@ibaeksan.kr
홈페이지 www.ibaeksan.kr

ISBN 979-11-6567-498-4 93590
값 13,000원